岸野 正剛 著

直観でわかる
シュレーディンガー方程式

丸善出版

まえがき

　シュレーディンガー方程式や量子力学も，最近ではずいぶんポピュラーになっていて，理系の人はもちろんのこと，文系の人でも名前だけなら知っている人は多いのではないでしょうか．それどころか，理系とか文系とかに色分けされる前の若い人でも，つまりシュレーディンガー方程式という名前を知っている高校生もいるでしょう．

　ナノ技術などの先端技術などに多少とも興味のある人の中には「シュレーディンガー方程式や量子力学というものは，一体どのようなものなのか？」とか「シュレーディンガー方程式は普通の物理学と違うといわれているが，何が普通の方程式と違うのか？」，さらには，「シュレーディンガー方程式は，そもそもどのようにして生まれたのか？」と感じている人も多いのではないかと思います．

　また，これまでにシュレーディンガー方程式を使って問題を解いたことがあり，答えはとにかく得られたのだが，今一つよくわからないと，思案した経験がある人もいるでしょう．たとえば，量子力学に特有な，とびとびのエネルギーや，穴のない壁を電子がトンネルするというような不思議な計算結果が得られますが，このような答えがなぜ出てくるのか，その理由がわからないので釈然としないと感じている人も多いかもしれません．

　こうした人々が「難しい式は苦手なので，できることなら数式は理解できなくても解説さえ読めば直観的にわかるような参考書があるといいのに」と考えるのは当然でしょう．こうした人々のために準備されたのが本書です．

　本書では，シュレーディンガー方程式の謎の原因がシュレーディンガー方程式を導く過程で入り込んだことを，数式だけでなしに，やさしく直観的にわかる言葉で解説することを試みました．ですから，本書を順番に読んでいけば，シュレーディンガー方程式を解くと量子力学の原理にかなった答えが得られることが自然に納得できると共に，これまで学んだ自分の知識に自信がもてるようになるのではないかと思います．

考えてみますと，プランクによって量子論が始まったのは，19世紀の末に鉄鋼の製造において溶鉱炉の温度が高温になったために発生した難問がきっかけでした．'高温'という高エネルギーの溶鉱炉で起こった難問は，それまで使われていた物理学では解決できず，そこでプランクがもち込んだ新しい考えというのが量子論の先駆けだったのです．

　このように見てみると，人類（人々）の経験しなかった物理現象が起こる新しい領域では，量子論やその後に生まれたシュレーディンガー方程式や量子力学が必要なことがわかります．しかし，自然は曲者で，人間は昔と同じ'物'を使っているつもりでも，'物'は原子でできていますから，'物'の性質となると量子力学を使わないと理解できないということもわかってきました．

　たとえば，19世紀の末ごろから使われ始めた電気では，電気を通すための導線材料に銅が，電気を遮断するために絶縁材料のセラミックスなどが使われましたが，銅が電気を通してセラミックスが電気を通さないかがなぜなのかは，それまでの古い物理学を使っては説明できないことがわかったのです．このような理由から，物（質）の性質にかかわる学問領域（物性とか，電子物性とよばれます）では，早くから量子力学が発展しました．

　そして，現在，0°Cよりずっと低温領域での低温技術，高温や高電圧で起こる現象についての高エネルギー技術，さらには，マイクロメートル以下の微小な領域でのナノ技術などが，先端技術とよばれていますが，これらはすべて私たちが普通の生活ではほとんど経験しない領域で起こる物理現象にかかわる技術ばかりです．

　ですから，新しい材料技術，高エネルギー技術，超伝導などの低温時術や，宇宙技術などに興味のある人にとっては，シュレーディンガー方程式や量子力学について知っておくことは理解を深めることにつながりますし，新技術分野で働きたいと考えている若い人には，シュレーディンガー方程式や量子力学の知識が必要です．

　本書が，シュレーディンガー方程式を平易に理解したいとか，できれば，この式を解くと量子力学の理屈にかなった正しい答えが出てくる理由も知りたいと，切望している人々に役に立って喜ばれることを心から願って「まえがき」としたいと思います．

2012年6月

岸　野　正　剛

目　　次

1　量子力学はなぜ起こったか？ ——————————— 1
　1.1　新しい物理が始まった背景　　　　　　　　　　　　1
　1.2　プランクととびとびのエネルギー　　　　　　　　　3
　　　　問　　題　　　　　　　　　　　　　　　　　　　11

2　量子論のはじまり ——————————————— 13
　2.1　ラザフォードの原子模型と水素スペクトルの関係　　13
　2.2　ボーアの水素原子模型と量子論の登場　　　　　　17
　　　　問　　題　　　　　　　　　　　　　　　　　　　20

3　シュレーディンガー方程式と波動関数，および基本概念との関係 —— 23
　3.1　シュレーディンガー方程式が生まれたいきさつ　　23
　3.2　波動関数に宿る量子力学の基本概念　　　　　　　28
　3.3　シュレーディンガーが思いもしない波動関数の性質　32
　　　　問　　題　　　　　　　　　　　　　　　　　　　33

4　物理量から生まれた演算子とその交換関係 ————— 35
　4.1　プラス記号やマイナス記号も演算子　　　　　　　35
　4.2　量子力学で使われる演算子　　　　　　　　　　　36
　4.3　ハミルトニアンという演算子　　　　　　　　　　40
　4.4　演算子の交換関係　　　　　　　　　　　　　　　42
　　　　問　　題　　　　　　　　　　　　　　　　　　　46

5　発見者にならってシュレーディンガー方程式を導く ——— 47
　5.1　シュレーディンガー方程式は演算子が支配する　　47
　5.2　シュレーディンガー方程式を具体的に導く　　　　49
　5.3　シュレーディンガー方程式の本当の意味　　　　　57
　　　　問　　題　　　　　　　　　　　　　　　　　　　59

目次

6 シュレーディンガー方程式を使って問題を解く —— 61
- 6.1 箱に閉じ込められた電子の面白い現象 　61
- 6.2 箱に閉じ込められた電子の波動関数ととびとびのエネルギー 　67
- 6.3 電子のトンネル現象 　81
- 6.4 水素原子と量子論および量子力学の関係 　87
- 6.5 水素原子の古典モデルの問題点と量子論的モデルの誕生 　88
- 6.6 水素原子へのシュレーディンガー方程式の適用 　91
- 6.7 調和振動子の問題を解く 　105
- 問　題 　116

7 シュレーディンガー方程式を解くための基礎知識 —— 119
- 7.1 固 有 関 数 　119
- 7.2 固有関数の規格化・直交性と固有関数の重ね合わせ，固有値の縮退 　121
- 7.3 電子の存在確率の計算 　125
- 7.4 期　待　値 　126
- 7.5 波動関数の備えるべき性質と境界条件 　130
- 7.6 量　子　数 　132
- 問　題 　133

8 知っておきたい話題 —— 135
- 8.1 スピンの誕生とスピンの正体 　135
- 8.2 スピンの性質と粒子のスピン 　138
- 8.3 フェルミオンとボソン 　138
- 8.4 ディラックのデルタ関数 　140
- 8.5 ディラックの記号，およびアイデアマンの鬼才ディラック 　142
- 問　題 　144

章末問題解答 —— 147

索　引 —— 155

★印のついたコラムは，初学者にとっては高度な内容を含むため，最初は読み飛ばしていただいても結構です

1 量子力学はなぜ起こったか？

　この章では，物理学において量子力学が生まれた時代背景やプランクの式が発見された逸話なども紹介しながら，量子力学の誕生の必然性についてやさしく説明します．

1.1 新しい物理が始まった背景

鉄の生産がきっかけで古い物理学は困難に遭遇した！

　量子力学が生まれる前の物理学も，日常生活で起こる疑問の謎解きから始まっています．ギリシャ時代からの月や星の観測によって始まった天文学がそうでした．また，現代物理学の基礎となったニュートン力学にしても，異論があるかもしれませんが，「リンゴが落ちるのはなぜか？」という謎解きから万有引力が発見されています．

　ですから，19世紀以前に量子力学が存在しなかったのは，それまでは従来の物理学で解けないような謎がなかったからです．では，19世紀の末に何が起こったのでしょうか？　原因は「鉄」です．歴史的にも鉄器は銅器より後に生まれており，鉄器をつくるにはより高温が必要でした．誰でも知っているように，現在の鉄をつくる溶鉱炉の温度は1400°C近い高温です．

　こうした背景があって量子論は19世紀の末期にドイツで生まれました．なぜドイツなのでしょう？　当時のドイツ（当時はプロイセンとよばれました）は，フランスとの普仏戦争（1870〜1871年）に勝って，国全体が意気盛んで，一層の富国強兵に励んでいました．

　当時はまだ戦車はなく，兵器は野戦砲などの大砲が最強の武器でしたが，戦いに勝つためには優秀な兵器が必要で，優れた兵器をつくるには優れた鉄が材料として必要だったのです．そして，優れた鉄をつくるには，鉄鉱石を溶かす高温の溶鉱炉の温度を正確に制御する必要から，溶鉱炉の温度を正確に測る必

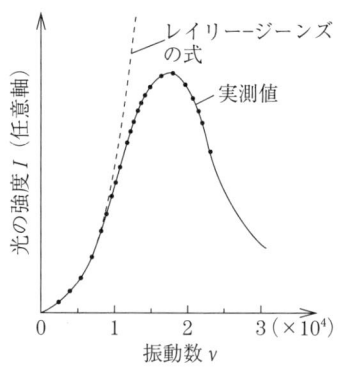

図 1.1 溶鉱炉の発する光の振動数と強度の関係

要がありました.しかし,測定する溶鉱炉の温度はきわめて高く,1200～1300°Cと高温なので測定は簡単ではありませんでした.

　私たちが日常生活で経験する温度は,大体は100°C以下です.ですから,当時は高い温度といってもそれまではせいぜい数百°Cでした.1300°Cもの高温は初めてです.こんな高温を正確に測ることなど思いもよらないことです.こういうわけで,当時のドイツで鉄を生産していた人たちは,それまでに経験のない新しい物理の世界に入り込んでいきました.彼らは困難と新しい謎に遭遇したのでした.このような背景のもとに量子論が生まれていったのです.

高エネルギーが量子論を生む

　実は,この頃の19世紀末からヨーロッパでは電子や原子の研究が始まっています.これは,加熱だけでなく,電気(技術)を使っても大きなエネルギーの高エネルギーが得られるようになったからです.ですから,19世紀末から人類は新しい物理の世界に突入していったのです.こうしてこの後,物理学は量子論,量子力学の誕生と進んでいきました.

　なぜかといいますと,普通の温度やエネルギーを物質に与えたのでは,原子や電子などの量子は物質の中に閉じこもっていて,外からは原子の様子はわかりませんが,大きなエネルギーが物質に与えられますと,電子などの原子の構成粒子が外に飛び出して原子が裸の姿を現すこともありますし,電子が外に飛

図 1.2　マックス・プランク (Max Planck, 1858–1947)

び出さなくても，物質の内部の電子や原子の様子が変化するようになるのです．

1.2　プランクととびとびのエネルギー

物理の古典理論がデータの解釈に役立たないのはなぜ？

　当時のドイツの技術者は溶鉱炉の温度を，火が燃えたときに溶鉱炉から発する光の色から，目で見て判断していました．この仕事は熟練工が担当していたのですが，この方法では溶鉱炉の温度を正確に制御することは困難でした．そこで，技術者は光の波長や周波数を測って温度の測定を始めました．このとき，横軸に光の振動数 ν（ギリシャ文字でニューと読む）をとり，縦軸に強度をとって，これを実線で描くと，図 1.1 に示すようなグラフができました．当時確立していた振動数と強度の関係についての理論の式（レイリー–ジーンズの式 (1.1)）を，この図に描くと破線で示すようになり，光の振動数が低い領域では，この式は光の振動数の実測値とよく合いました．つまり，溶鉱炉の温度が 1300°C より相当低いときにはこの式は実測値とよく合って有益だったのです．ところが溶鉱炉の温度が高くなってくると，図 1.1 に示すように，振動数 ν が高い領域で測定データとの間に大きな差が出るようになりました．とくに鉄の生産で最も重要な 1300°C の高温付近では理論値は実測値のデータとの間に大きな違いが出たのです．

　これでは，溶鉱炉の 1300°C 付近の高温度の測定に，振動数と強度の関係が

使えないことになります．困った技術者たちは，ベルリン大学のプランク（Max Planck）教授に相談をもち込みました．プランク（図1.2）は当時，熱力学の大家として有名だったからです．流石のプランクもこの難問に即答できないばかりか，彼の熱力学の知識をもってしても，理論と測定の大きな差はどうにも説明することはできませんでした．

大学院生がもち込んだ奇妙な式

そこでプランク研究室では総力を挙げてこの問題に取り組むことにしました．こうしてある日，大学院の学生が奇妙な式をプランクのもとにもってきました．測定データのグラフに合致する式を探していたところ，理由はわからないが，測定データとよく合う式ができたというのです．この式を図1.1にプロットしますと，黒点「・」で示すようになり，なるほど測定データとよく合っています．

驚いたプランクはこの式が測定データと合う理由を，寝食を忘れて考えたといわれています．プランクがなぜ驚いたかといいますと，当時確立していたレイリー–ジーンズの理論式は，光の強度を $u(\nu)$ としますと，次の式

$$u(\nu) = \frac{8\pi\nu^2}{c^3} k_\mathrm{B} T \tag{1.1}$$

でした．ところが，大学院生がもってきた式は次の式なのです．

$$u(\nu) = \frac{8\pi\nu^2}{c^3} C_\mathrm{h} \nu \frac{1}{e^{C_\mathrm{h}\nu/k_\mathrm{B}T} - 1} \tag{1.2}$$

ここで，c は光の速度，k_B はボルツマン定数，T は絶対温度 [K]，ν は光の振動数で波長 λ の逆数，C_h は大学院生が勝手に導入した新しい定数です．

二つの式は似ている点もありますが，新しい定数 C_h はプランクの見たことのない定数です．院生に，これは何か，と尋ねたところ，なぜだかわかりませんが，この C_h という小さな値の定数を使うと，図1.1の測定データとよく合うのです，と答えるではありませんか！

式(1.2)を必死で検討したプランクはこの式(1.2)のかっこの中の指数関数 $e^{C_\mathrm{h}\nu/k_\mathrm{B}T}$ がコラム1.1の式(C1.2)のように級数で展開できることに気づきました．そして，この式の値は，$C_\mathrm{h}\nu/k_\mathrm{B}T \ll 1$ の条件を満たすとき，つまり光の振動数 ν が小さく波長 λ が長いとき，指数関数は式(C1.3)に近似することができ，この近似式を式(1.2)の指数関数の代わりに使うと，式(1.2)が式(1.1)のレイリー–ジーンズの式に一致することを発見しました．

コラム 1.1 ★　式 (1.2) の指数関数の級数展開

まず，式 (1.2) の中の指数関数は，テイラー展開を使って級数に展開できます．テイラー展開というのは，ある関数 $f(x)$ を次のように x, x^2 などの多項式の和として展開する方法です．

$$f(x) = f(0) + \frac{1}{1!}f'(0)x + \frac{1}{2!}f''(0)x^2 + \frac{1}{3!}f'''(0)x^3 + \cdots \quad (\text{C}1.1)$$

ここで，$f'(0)$, $f''(0)$ などは $f(x)$ を 1 回および 2 回微分して $x = 0$ とおいたものです．

いま，関数 $f(x)$ を $f(x) = e^x$ としますと，指数関数 e^x は x で何度微分しても e^x ですので $f(0) = f'(0) = f''(0) = f'''(0) = \cdots = 1$ となります．ここで，$x = C_\mathrm{h}\nu/k_\mathrm{B}T$ とおくと，式 (1.2) のかっこの中の指数関数は，次のように級数に展開できます．

$$e^{C_\mathrm{h}\nu/k_\mathrm{B}T} = 1 + \frac{C_\mathrm{h}\nu}{k_\mathrm{B}T} + \frac{1}{2}\left(\frac{C_\mathrm{h}\nu}{k_\mathrm{B}T}\right)^2 + \frac{1}{3!}\left(\frac{C_\mathrm{h}\nu}{k_\mathrm{B}T}\right)^3 + \cdots \quad (\text{C}1.2)$$

そして，式 (C1.2) は，光の波長 λ が長く振動数 ν が小さいときには $C_\mathrm{h}\nu/k_\mathrm{B}T \ll 1$ の条件が満たされ，次の近似式 (C1.3) が成り立ちます．

$$e^{C_\mathrm{h}\nu/k_\mathrm{B}T} \fallingdotseq 1 + \frac{C_\mathrm{h}\nu}{k_\mathrm{B}T} \quad (\text{C}1.3)$$

謎を解くプランクがたどりついたとびとびのエネルギーのアイデア

疑問（謎）が解けるかもしれないと感じたプランクは，ここで，式 (1.2) がなぜ図 1.1 の実測データをうまく説明するかを不眠不休で考えたそうです．そして，院生のもってきた式 (1.2) はいろいろな振動数の光のエネルギーを，個々に加え合わせたものになっているのではないか，という考えにプランクはたどり着きました．

というのは，光の振動数が従来の考えに従って連続していると考えて計算すると，どうしても実測データと一致する理論曲線は得られないからです．そして，レイリー–ジーンズの式 (1.1) と式 (1.2) を比べますと $C_\mathrm{h}\nu$ と $k_\mathrm{B}T$ が同じ単位でなければならないことになります．しかも，$k_\mathrm{B}T$ の単位はジュール [J]，

つまり，エネルギーの単位ですから，$C_\mathrm{h}\nu$ もエネルギーを表していることに気づいたのです．

それまでの物理の常識では，光のエネルギーは連続して変化しますが，プランクはここで大胆にも振動数 ν がとびとびになると考え，光の個々のエネルギー ε の単位が $C_\mathrm{h}\nu$ になっているのではないかと考えたのです．ここで混乱を防ぐために，量子力学の慣例に従って，これまで使った定数 C_h を h に変更したうえで，プランクの考えを式で表しますと，エネルギーの単位 ε は，次の式

$$\varepsilon = h\nu \tag{1.3}$$

となり，プランクはこの単位 $h\nu$ で光のエネルギーがとびとびに変化するのではないかと考えたのです．

つまり，光のエネルギーはとびとびの値 $nh\nu (n=1,2,3,\cdots)$ でもって変化し，次の式に従うと考えたのです．

$$\varepsilon = nh\nu \quad (n=1,2,3,\cdots) \tag{1.3$'$}$$

この式の定数 h は，この後プランクの定数とよばれるようになりました．

院生のもってきた式 (1.2) の定数 C_h を h と変更して，式 (1.2) を改めてプランクの式として書き表すと次のようになります．

$$u(\nu) = \frac{8\pi\nu^2}{c^3} h\nu \frac{1}{e^{h\nu/k_\mathrm{B}T}-1} \tag{1.2$'$}$$

また，プランクの定数 h の値は次の式の通りで，きわめて小さいものです．

$$h = 6.626 \times 10^{-34} \quad [\mathrm{J\cdot s}] \tag{1.4}$$

ですから，エネルギーがとびとびといっても，エネルギーのとびの間隔はきわめて小さいもので，古典論では通常このように小さい間隔差は 0 に近似するのが普通で，このような差は無視されています．

ここで，エネルギーのとび $h\nu$ がどの程度の大きさになるか，その値を見積もってみましょう．h はプランクの定数で，上に示すように $h=6.626\times10^{-34}\,\mathrm{J\cdot s}$ です．また，単位の振動数として ν の値を $\nu=1\mathrm{s}^{-1}$ としてみましょう．すると，$h\nu$ の値は $h\nu=6.626\times10^{-34}\,\mathrm{J}$ となり，きわめて小さいエネルギーになります．たとえば，質量 $1\,\mathrm{g}$ の物体を $1\,\mathrm{m}$ の高さにもち上げるのに必要なエネ

ルギーは，9.8×10^{-3} J ですから，$h\nu$ の値はこのエネルギーの 10 の 30 乗分の 1（1 兆分の 1 の 100 億分の 1 の，そのまた 1 億分の 1）程度に過ぎないほど小さいことがわかります．

　プランクの式の説明を終わるにあたって，エネルギーがとびとびになる納得のいく理由を探してみることにしましょう．まず，プランクの式 (1.2′) とレイリー–ジーンズの式 (1.1) の違いを詳しく調べてみましょう．プランクの式の $h\nu\{1/(e^{h\nu/k_\mathrm{B}T}-1)\}$ の部分はレイリー–ジーンズの式では $k_\mathrm{B}T$ になっていて，すでに見てきたように，単位は共にエネルギーです．そこでここでは，これを $\varepsilon(\nu)$ で表すことにしましょう．そして，式 (1.1) と式 (1.2′) になぜこのような大きな違いが出てきたかを考えてみましょう．詳細な議論は少し高度になるので，概略だけを以下に述べると次のようになります．

　いま，多く振動数の光があり，個々の振動数 ν がとびとびで，エネルギーが $\varepsilon, 2\varepsilon, 3\varepsilon, \cdots, n\varepsilon$ のようにとびとびに変化するとします．つまり，光を粒子のように考えて，上に示したエネルギー $\varepsilon(\nu)$ をこれらの光の平均エネルギーとして計算しますと，コラム 1.2 の結果を使って，平均のエネルギー $\langle \varepsilon(\nu) \rangle$ は次の式で表されます．

$$\langle \varepsilon(\nu) \rangle = \sum_{n=0}^{\infty} n\varepsilon e^{-n\varepsilon\beta} \Big/ \sum_{n=0}^{\infty} e^{-n\varepsilon\beta} \tag{1.5}$$

ここで，$e^{-n\varepsilon\beta}$ はエネルギー $n\varepsilon$ の光の存在する確率を表しています．また，$\beta = 1/k_\mathrm{B}T$ です．

　この式 (1.5) の演算において分子も分母も級数の和として値を求めた場合には，平均のエネルギー $\langle \varepsilon(\nu) \rangle$ の計算結果は次のようになります．

$$\langle \varepsilon(\nu) \rangle = \frac{h\nu}{e^{h\nu/k_\mathrm{B}T}-1} \tag{1.6}$$

つまり，プランクの式 (1.2′) のエネルギーの部分が得られます．

　ところが，式 (1.5) の演算において，級数間の間隔が非常に小さくて，これを 0 に漸近させることができる場合は，式 (1.5) の和の計算 $\sum_{n=0}^{\infty}$ は積分に変換することができますので，この式 (1.5) の分子と分母の和を積分に変換して計算すると，式 (1.5) は次のようになります．

$$\langle \epsilon(\nu) \rangle = k_\mathrm{B}T \tag{1.7}$$

つまり，レイリー–ジーンズの式 (1.1) のエネルギーの部分になります．

級数の間隔を 0 に漸近させるということは，光のエネルギー ε のとびの値を 0 にすること，すなわち，光のエネルギーが連続であるとすることに対応します．ですから，光のエネルギーの平均値の計算では，エネルギーのとびの値がどんなに小さくても，つまり振動数 ν のとびの値がどんなに小さくても，これらを連続と考えると，光のエネルギーはレイリー–ジーンズの式 (1.1) のエネルギーの部分になるということです．

しかし，これでは実験データに合わないのですから，振動数 ν のとびの値がどんなに小さくても振動数 ν もエネルギー ε もとびとびであると考えなければいけないということを示しています．つまり，光の振動数やエネルギーは光の本質的な性質としてとびとびであることを示しているのです．

ここで，一つ注意しておきますと，光の場合にはそのエネルギーが異なれば，振動数が異なります．逆の関係も成り立ちます．ですから，エネルギーがとび

コラム 1.2 ★ 任意の物理量（たとえばエネルギー）の平均値の求め方

いま，ある物理量を Q としましょう．そして，Q の取りうる値を，$Q_1, Q_2, Q_3, \cdots, Q_n$ とし，これらが起こる確率を $r_1, r_2, r_3, \cdots, r_n$ としますと，物理量 Q の平均値は個々の物理量にそれらが起こる確率を掛けた和を，すべての物理量が起こる確率の和の合計で割ったものとして表されます．つまり物理量 Q の平均値 $\langle Q \rangle$ は次の式で与えられます．

$$\langle Q \rangle = \frac{Q_1 r_1 + Q_2 r_2 + \cdots + Q_n r_n}{r_1 + r_2 + \cdots + r_n}$$
$$= \sum_{i=0}^{n} Q_i r_i \bigg/ \sum_{i=0}^{n} r_i \tag{C1.4}$$

物理量 Q がエネルギー ε であれば，エネルギーの平均値 $\langle \varepsilon(\nu) \rangle$ は，同様に，エネルギーの取りうる値を $\varepsilon_1, \varepsilon_2, \varepsilon_3$ などとして次の式で与えられます．

$$\langle \varepsilon(\nu) \rangle = \sum_{i=0}^{\infty} \varepsilon_i r_i \bigg/ \sum_{i=0}^{\infty} r_i \tag{C1.5}$$

図 1.3　アルベルト・アインシュタイン（Albert Einstein, 1879–1955）

とびの光は，振動数もとびとびであるということです．光には連続スペクトルをつくる光があり，これは古典論では振動数は完全に連続であると考えられていますが，量子力学的に考えると，とびの間隔はきわめて小さいですが，各振動数は不連続になっていると考えざるを得ないと思います．

アインシュタインの登場と光量子説の提唱

　プランクの光（光の粒子という意味で光子）がとびとびの離散的なエネルギーをもつという新しい考えは，量子論ひいては量子力学の誕生の発端になりました．これは1900年のことでした．

　この後1905年にアインシュタイン（Albert Einstein, 図1.3）が，図1.4とコラム1.3に示す光電効果を説明するために，光の光量子説を発表して，光が離散的なエネルギーをもつという考えが確立しました．その後，電子や陽子などは量子とよばれるようになりますが，量子とよばれる物理学の基本粒子はすべて離散的なエネルギーをもつことがわかったのです．ですから，とびとびのエネルギーをもつ性質は光子（光）だけでなく，電子なども含むすべての量子の性質なのです．

コラム 1.3　光電効果とアインシュタインの光量子説

　光電効果は金属に光を照射すると金属表面から電子が飛び出すという現象です．電子は金属物質の中に閉じ込められているので，少々の高温では

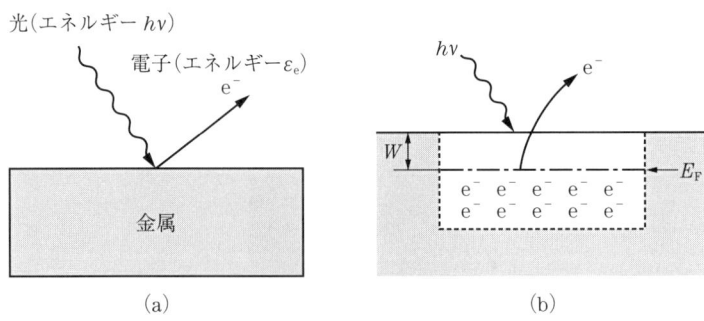

図 1.4 光電効果．(a) は金属表面への光の照射と電子の発生，(b) は電子のエネルギー状態を示す．W は仕事関数，E_F はフェルミ準位を表し，E_F まで電子が詰まっている．

外に出てくることはありません．電子が金属の表面に出てくるためには，電子のエネルギーが金属の表面にあるエネルギー障壁を越えなければなりません．この障壁のエネルギーは仕事関数 W とよばれています．

ですから，仕事関数 W よりもエネルギーの大きい，つまり，波長 λ が短く振動数 ν が大きい光を金属の表面に照射しますと，金属の中の電子が外に飛び出しますが，アインシュタインはこの現象を，光が粒子であるというエネルギー量子説を用いて説明しました．

すなわち，アインシュタインは 1 個の光子のエネルギー $h\nu$ を ε_c としますと，これが仕事関数 W よりも大きいならば，1 個の光子を金属に照射すると，エネルギーの値として ε_e をもつ電子が，次の式

$$\varepsilon_e = \varepsilon_c - W \tag{C1.6}$$

に従って金属表面から飛び出すと説明しました．

そして，照射する光のエネルギー ε_c が仕事関数 W よりも小さければ電子は飛び出さないし，光のエネルギー ε_c が一定ならば，光の強度をいくら強くしても，電子のエネルギー ε_e は大きくならないと説明しました．これらの説明は当時の物理学の常識には反しますが，実験事実とは見事に一致しました．アインシュタインはこの功績によってノーベル賞を受賞しています．

電子や陽子，中性子などの基本粒子は量子とよばれますが，量子が離散的なエネルギーをもつという考えは，量子力学の基本概念の一つです．量子力学の基本概念には，このほかに，これ以降説明する，ハイゼンベルクが提案した不確定性原理と，パウリが提案したパウリの排他律などがあります．

問　題

1.1 次の波長の紫外線，可視光線，赤外線のエネルギーを計算し，J（ジュール）の単位で示せ．また，これらのスペクトルを連続スペクトル線と考えて，それぞれの場合の最小のエネルギーのとびの値を求めよ．
　　紫外線：250 nm（2500 Å），可視光線：500 nm（5000 Å），赤外線：10 μm．

1.2 プランクの式は係数 $8\pi\nu^2/c^3$ の部分を除き，$h\nu = E$，および $1/k_B T = \beta$ とおくと，$E/(e^{E\beta} - 1)$ と書ける．この式の分母の指数関数を級数の形に書き換えると次の式になる．

$$Ee^{-E\beta}(1 + e^{-E\beta} + e^{-2E\beta} + \cdots + e^{-nE\beta}) = Ee^{-E\beta}\sum_{n=0}^{\infty} e^{-nE\beta} \quad (1.8)$$

式 (1.8) の級数の和の部分を積分の形に変え，エネルギー E が小さいとして，$e^{-nE\beta}$ の値を，$E \ll k_B T$ として，1 に近似すると，レイリー–ジーンズの式になる．このことを演算して示すと共に，プランクのとびとびのエネルギーの提案の妥当性について考察せよ．

1.3 物質中の電子はある種のエネルギー障壁（6 章で述べるようなエネルギー障壁）の中に閉じ込められているという．この障壁の高さは仕事関数とよばれている．いま，ある金属物質の仕事関数 W の値が 5.02 eV として，200 nm（2000 Å）の光を，この物質の表面に照射したときに発生する光電子のエネルギーを計算し，eV の単位で示せ．

1.4 $h\nu$ と $k_B T$ の間に $h\nu \ll k_B T$ の関係が成り立つときは，プランクの式がレイリー–ジーンズの式と一致することを示せ．

1.5 波長が 3000 Å（300 nm）の光のエネルギーを計算し，とびとびの値を求めよ．そして，質量が 1 g のものを 1 m の高さにもち上げるエネルギーと比較してとびとびのエネルギーの意味について考察せよ．

2 量子論のはじまり

　本書の主なテーマであるシュレーディンガー方程式などによって確立する量子力学の前には，現在では前期量子論とよばれる量子論が生まれました．この章では量子論の誕生から発展までの経緯を調べて，シュレーディンガー方程式が生まれるまでの物理学の状況を見ておきたいと思います．

2.1 ラザフォードの原子模型と水素スペクトルの関係

　ドイツのプランクが 1900 年に'とびとびのエネルギー'の考えに基づく量子仮説を提案し，1906 年にはイギリスのラザフォード (Earnest Rutherford) が原子核を発見しています．この頃から原子の研究が本格化しました．この後，デンマークのニールス・ボーア (Niels Bohr) が原子模型の確立という仕事の中で量子論を立ち上げています．後に 5 章で述べますように，水素原子はシュレーディンガー方程式の確立にも重要な働きをしましたので，ここではボーアが深くかかわった水素原子に注目したいと思います．

　そもそもボーアはラザフォードの下に弟子入りして原子構造の研究していたのです．ラザフォードは当時原子核を発見しましたが，この発見に基づいて，惑星モデルといわれる，図 2.1(b) に示すような，原子モデルを提案していました．このモデルの原形は長岡半太郎が提案していた原子の土星モデルを原子核の発見に基づいて革新したものともいえます．ラザフォードの原子モデルでは，図 2.1 に示すように，中心の原子核には正の電荷をもった陽子があり，この原子核のまわりに負の電荷をもつ電子が回っています．ですから，原子核の陽子と電子の間にはクーロン力が働いて，これが電子の回転運動を支えているとラザフォードは考えました．そして，電子の回転している軌跡が図 2.1 に示す電子の（回転）軌道だと考えました．

　したがって，1 個の電子と原子核の中の 1 個の陽子間には，次の式で表され

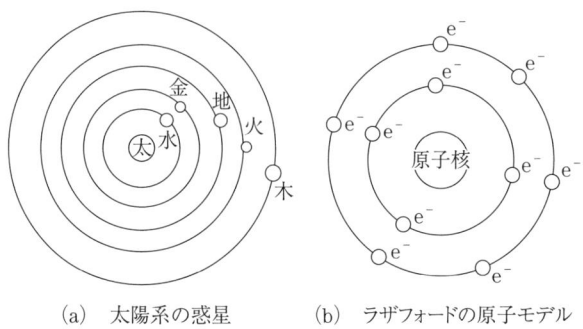

(a) 太陽系の惑星　　(b) ラザフォードの原子モデル

図 **2.1**　ラザフォードの原子モデル

るクーロン力 F が働き，回転する電子はエネルギー E をもつことがわかります．この場合のクーロン力は引力ですが，この力 F はクーロンの法則に従って次の式 (2.1) になります．

$$F = -\frac{q^2}{4\pi\varepsilon_0 r^2} \tag{2.1}$$

ここで，ε_0 は真空の誘電率を表しています．

また，全エネルギー E は回転運動による運動エネルギーとクーロン力に基づく位置のエネルギーになりますので，次の式で表されます．

$$\begin{aligned}
E &= \frac{1}{2}mv^2 + \left(-\frac{q^2}{4\pi\varepsilon_0 r}\right) \\
&= -\frac{1}{2}\frac{q^2}{4\pi\varepsilon_0 r} = -\frac{q^2}{8\pi\varepsilon_0 r}
\end{aligned} \tag{2.2}$$

式 (2.1), (2.2) において q は電子，および陽子の電荷の記号で，電子の電荷は $-q$，陽子の電荷は q となります．また，r は原子核の中心から電子までの距離で，これは原子核のまわりを回る電子の回転半径にもなっています．エネルギーの式 (2.2) の導き方についてはコラム 2.1 を参照してください．

コラム 2.1 ★　電子のエネルギー E の式 (2.2) の導き方

　原子の中で軌道を回転運動している電子のエネルギーは位置のエネル

ギー U と運動のエネルギー K の和になります．運動エネルギーは回転運動によるエネルギーですので，次のように計算でき，$(1/2)mv^2$ ですが，回転運動による求心力 mv^2/r とクーロン力 $q^2/(4\pi\varepsilon_0 r^2)$ が等しいことから，$mv^2 = q^2/4\pi\varepsilon_0 r$ の関係が得られるので，運動エネルギー K は次の式で表されます．

$$K = \frac{m}{2}v^2 = \frac{1}{2}\frac{q^2}{4\pi\varepsilon_0 r} \tag{C2.1}$$

また，位置のエネルギー U は，この場合クーロン力による位置のエネルギーですので，定義により，位置のエネルギー U はクーロン力 F を位置（座標）r で積分すればよいのです．そこで，積分範囲を無限大から r までとして位置のエネルギー U を計算すると，U は次の式で与えられます．

$$U = \int_r^\infty \frac{q^2}{4\pi\varepsilon_0 r^2}\mathrm{d}r = -\frac{q^2}{4\pi\varepsilon_0 r} \tag{C2.2}$$

したがって，電子のもつ全エネルギー E は，$E = U + K$ となるので，次の式になります．

$$E = U + K = -\frac{q^2}{4\pi\varepsilon_0 r} + \frac{1}{2}\frac{q^2}{4\pi\varepsilon_0 r} = -\frac{q^2}{8\pi\varepsilon_0 r} \tag{C2.3}$$

このような状況の中で，原子構造の研究をしていたボーアは水素原子に注目しました．水素原子は原子番号が 1 の原子で，原子の中で最も単純な構造をしているからです．もう一つ理由があり，それは水素ガスを燃やしたときに発生する水素原子のスペクトルが当時詳しく調べられており，実験データも豊富だったからです．

水素スペクトルは，図 2.2 に示すように，ある種の規則性をもって整然と並んでいるのですが，水素スペクトルの規則性については，1880 年頃にバルマー（Johann Balner）やリュードベリ（Johanns Rydberg）によって詳しく調べられています．彼らの研究によると，水素原子スペクトルの各波長 λ は，リュードベリ定数 R_H を使って，次の式に示す関係式によって計算できることがわかっていました．

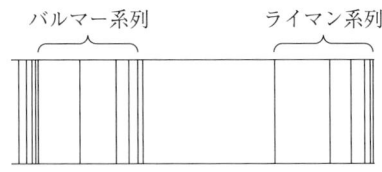

図 **2.2**　水素原子スペクトル

$$\frac{1}{\lambda} = R_\mathrm{H}\left(\frac{1}{n^2} - \frac{1}{m^2}\right) \quad (m > n\text{で}, n \text{と} m \text{は正の整数}) \tag{2.3}$$

ボーアはこの式 (2.3) に注目しました．そして，光の波長 λ と振動数 ν の積が光の速度 c になる，$\lambda\nu = c$，という関係を使うと，式 (2.3) は光の振動数 ν を使って，次の式に書き変えることができることに気づきました．

$$\nu = cR_\mathrm{H}\left(\frac{1}{n^2} - \frac{1}{m^2}\right) \tag{2.3'}$$

ここでボーアは，この式 (2.3') の両辺にプランクの定数 h を掛けて次の式を得ました．

$$h\nu = hcR_\mathrm{H}\left(\frac{1}{n^2} - \frac{1}{m^2}\right) \tag{2.4}$$

この式 (2.4) の左辺の $h\nu$ は，プランクやアインシュタインによると光のエネルギーになります．ですから，式 (2.4) の右辺の式は二つのエネルギーの差を表していることがわかります．

一方，原子核のまわりを回転している電子の全エネルギー E は式 (2.2) で与えられるのですが，このエネルギー E は，コラム 2.1 に示しますように，位置のエネルギーの定義に従って，式 (2.1) の左側にあるクーロン力 F を，電子の位置（座標）r で積分したものと運動エネルギーの和になっています．

ですから水素原子の電子も式 (2.2) の E と同じような形のエネルギーをもつはずです．式 (2.2) のエネルギー E を用いて，エネルギーの差を表す式を考えるとすると，次のようになります．すなわち，電子の原子核の中心からの距離として二つの距離 r_n と $r_m (r_m > r_n)$ を考えて，これらの距離を使うと，エネルギーの差 ΔE を表す式として，次の式が考えられます．

$$\Delta E = -\frac{1}{2}\frac{q^2}{4\pi\varepsilon_0}\left(\frac{1}{r_m} - \frac{1}{r_n}\right) = -\frac{q^2}{8\pi\varepsilon_0}\left(\frac{1}{r_m} - \frac{1}{r_n}\right) \tag{2.5}$$

ちょっと不思議に思われるかもしれませんが，水素原子スペクトルの式 (2.3) から得られたエネルギー差の式 (2.4) と，ラザフォードの原子モデルを使った，水素原子の中で運動している電子のエネルギー差の式 (2.5) の間には何らかの関係がありそうだ，とボーアは気づきました．そして，ボーアは水素の原子構造について何らかの解が得られるのではないかと期待を膨らませました．

2.2　ボーアの水素原子模型と量子論の登場

水素原子模型について，解決の手掛かりが得られたと考えたボーアは，式 (2.4) と式 (2.5) を見比べて，もしこの二つの式の間に関係があるとすると，式 (2.4) と式 (2.5) の関係から，次の式が成り立つはずだと考えました．

$$\frac{hcR_\mathrm{H}}{n^2} = \frac{q^2}{8\pi\varepsilon_0 r_n} \tag{2.6}$$

したがって，式 (2.6) より水素原子の原子核のまわりを回転運動している電子の回転半径 r_n は次の式になります．

$$r_n = \frac{q^2 n^2}{8\pi\varepsilon_0 hcR_\mathrm{H}} \quad (n=1,2,3,\cdots) \tag{2.7}$$

なお，水素スペクトルの計算式に現れる定数 R_H は，$R_\mathrm{H} = m_e q^4/(8\varepsilon_0^2 ch^3)$ と書けるので，この値を使って式 (2.7) の電子の回転半径 r_n を計算しますと，次の式が得られます．

$$r_n = \frac{\varepsilon_0 h^2 n^2}{\pi m_e q^2} \quad (n=1,2,3,\cdots) \tag{2.7'}$$

以上のことから，電子の回転半径は式 (2.7) または式 (2.7′) で表されるので，電子の回転半径 r_n は，いずれにしてもとびとびの値をとることがわかります．

ここで，式 (2.5) のエネルギーの差 ΔE の式に戻って考えますと，このエネルギー差 ΔE は，半径 r_m で回転している電子のエネルギーと，半径 r_n で回転している電子のエネルギーの差であることがわかります．ということは，水素原子から光が放出されるときに，水素原子の電子の回転軌道位置が，回転半径

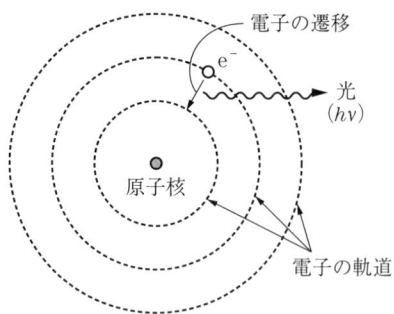

図 **2.3** 軌道間の遷移による光の発生

が外側の r_m の軌道から，内側の r_n の軌道に変化したのではないだろうかと，ボーアは考えつきました．

ここで，電子が原子の中で回転している回転軌道を電子軌道と名づけて，以上の考えをまとめてみますと次のようになります．図 2.3 に示すように，$m > n$ として原子核に近い内側の軌道から数えて m 番目の電子軌道から n 番目の電子軌道に電子が移ったとき，光が発生したのではないかとボーアは考えたのです．電子のエネルギーはマイナスですから，絶対値が小さいほどエネルギーは大きいので，式 (2.5) からわかるように，m 番目の電子軌道にいる電子のエネルギーの方が n 番目の電子軌道の電子のエネルギーより大きいのです．ですから，m 番目の軌道にいた電子がエネルギーを失って，n 番目の軌道に移ったと考えられます．

そして，この m 番目から n 番目に移るときに電子の失ったエネルギーが，このとき放出された光のエネルギーになっているのではないかとボーアは考えたのでした．ボーアはこのように電子がある軌道からほかの軌道に移動することを電子の遷移とよびました．ですから，水素スペクトルの光は水素原子内の電子軌道間を電子が遷移することによって発生していると考えたわけです．

以上の考えに従って水素原子スペクトルを考えますと，たとえば，$m = 10$ の電子軌道の電子が $n = 1$ の電子軌道に遷移して発生した光は，$m = 9$ の電子軌道から $n = 1$ の電子軌道に電子が遷移して発生する光より，エネルギーが大きい，つまり，光の振動数が大きく，波長が短いことが説明できます．

このように考えて，一連の水素スペクトルを，水素原子内の電子の軌道間の

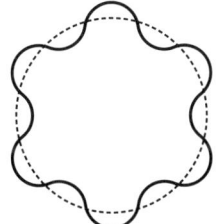
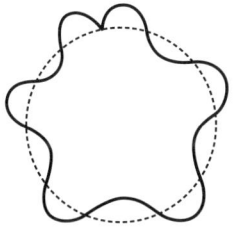
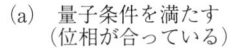

図 **2.4** 量子条件と軌道の波の状態の関係. (a) 量子条件を満たす（波の位相が合っている）. (b) 量子条件を満たさない（位相が合っていない）.

遷移によって発生したものであると解釈すると，バルマーやリュードベリによって詳しく調べられた一連の水素原子スペクトルはすべて説明がつくことがわかりました．こうしてボーアは水素原子スペクトルを，量子論を使ってみごとに説明することに成功しました．

ボーアは軌道半径 r_n がとびとびの値をとる理由を，以下のように，角運動量と軌道半径の関係から説明することに成功しました．このときボーアは，ボーア–ゾンマーフェルトの量子条件を仮定しましたが，量子条件とは次のようなものです．すなわち，回転運動している電子のとり得る角運動量 p_ψ としては，角運動量に 2π を掛けた値がプランクの定数 h の整数倍に等しくなるもの，だけが許されるとする条件です．

角運動量 p_ψ は，電子の回転速度を v とすると，mvr_n になります．したがって，ボーアの量子条件の仮定を式で書くと次のようになります．

$$p_\psi = mvr_n = \frac{hn}{2\pi} \tag{2.8}$$

一方，電子の波長 λ は，後で説明しますド・ブロイによりますと，$\lambda = h/p = h/mv$ と書けますので，この式から λ と h の関係を求めて，この h を式 (2.8) に代入しますと，次の関係式が得られます．

$$2\pi r_n = \lambda n \tag{2.9}$$

この式では n は正の整数ですから，電子軌道の円周の長さ $2\pi r_n$ は波長 λ の n 倍，つまり整数倍になっています．

ですから，ボーアの量子条件というのは，簡単に言うと図 2.4(a) に示すように，電子軌道（円周）の長さがいくつかの波長の倍数でちょうど閉じる条件を表しています．すなわち，この条件が成り立てば，波長 λ の電子の波が軌道の円周にちょうど収まることを表しているのです．ですから，式 (2.9) が成立する条件の電子軌道のみが電子の軌道として好ましいということになります．確かに，式 (2.9) の条件を満たさない波長の波の場合には，図 2.4(b) に示すように，一波長以下の短い波長の波の存在を考えないと，電子軌道の円周がその波でちょうど埋まりません．ですからボーアの主張するように電子を波と考えるならば，式 (2.9) の条件を満足する波長の電子のみが水素原子内の電子軌道に存在できると考えるのは妥当です．この結果，各軌道に許される電子の波長は各軌道間でとびとびの波長をとることになります．

各軌道の電子の波長 λ がとびとびであることは，電子の振動数 ν もとびとびになり，各軌道の電子のエネルギー $h\nu$ がとびとびであるということを表します．電子のエネルギーは電子の存在する軌道のエネルギーと同じ値になりますので，結局，電子の存在する軌道のエネルギーがとびとびということになります．このボーアの量子条件を運動量 p を使って格好よく書くと次の式になるのです．

$$\int p\,dq = nh \tag{2.10}$$

ボーアの提唱した量子論は前期量子論とよばれるのですが，この理論では対応原理が使われているといわれています．対応原理というのは，たとえば，温度 T を無限大にしたり，プランクの定数 h を 0 に近似したりすると，量子論を古典力学にスムーズに移行できるような理論です．

ですから前期量子論では，従来の力学や電磁気学を概念や記号なども含めて，これらをそのまま生かしながら，式 (2.8) の量子条件を導入することによって，新しい量子力学的な思考へ移っていくという手法がとられているといえます．

問　題

2.1 水素原子の中の電子のエネルギー ε に 6 章の式 (6.69) を使って，R_H の値を表す数式を導け．

2.2 バルマー系列のスペクトルに波長が 3970 Å（397 nm）の光がある．この光の振動数 ν を求め，光のエネルギーを計算せよ．また，リュードベリ定数 R_H を

$1.097 \times 10^7 \, \text{m}^{-1}$ とし，$n = 2$ として，次の式の m の値を求め，光の発生について考察せよ．

$$\frac{1}{\lambda} = R_\text{H} \left(\frac{1}{n^2} - \frac{1}{m^2} \right) \tag{2.11}$$

2.3 電子軌道の半径を 5×10^{-10} m，n の値を $n = 1$ としてボーアの量子条件を使って電子の運動速度 v とエネルギー ε を計算せよ．

3 シュレーディンガー方程式と波動関数,および基本概念との関係

この章では量子力学で使われるシュレーディンガー方程式,波動関数の誕生の経緯,および,波動関数の中に量子力学の基本概念がどのように含まれているかについて説明します.それと共に,波動関数を使ったシュレーディンガー方程式を解くと,なぜ量子力学の基本概念と合致する解(答え)が得られるかの理由も明らかにします.

3.1 シュレーディンガー方程式が生まれたいきさつ

シュレーディンガーとド・ブロイの量子論への参入

スイス生まれのシュレーディンガー(Erwin Schrödinger, 図3.1)は母国において一人で研究していました.当時,シュレーディンガーは数年前からヨーロッパで進められていた原子構造の研究における新しい物理の方向に興味をもっていて,続々発表されるボーアの量子論に強い関心を抱くようになっていました.

図 3.1　アーウィン・シュレーディンガー(Erwin Schrödinger, 1887–1961)

ボーアの考えはプランクが発表した'とびとびのエネルギー'に端を発したもので,これまでの物理学にはないまったく新しい考えでした.しかも,この新しい考えは正しいらしく,これまでの古典物理学では説明がつかなかった水素原子の構造が,ボーアたちの量子論を使うことによってうまく説明することができているのです.

シュレーディンガーはこの新しく生まれた量子論(前期量子論)が,物理学の今後の進む新しい方向を示しているのではないかと感じていました.しかし,シュレーディンガーはボーアたちの発表した前期量子論に不満でした.というのはボーアたちの量子論はニュートン力学が運動方程式を使って表されるというように,理論の基礎が数式を使って組み立てられたものではなかったからです.

シュレーディンガーは量子論が本物ならば数式を使ってきちんと表すことができるはずだし,数式を使って理論が組み立てられなければ量子論は本物にはならないと考えていました.そして,量子論を何とかして数式を使って記述できないかと常日頃から思いめぐらせていました.

ちょうどこのとき,1923年のことですが,お隣の国のフランスで,これもまた一人で研究していた貴族出身の研究者ド・ブロイが新しい考えを発表しました.ド・ブロイは電子などの物質を構成する粒子(電子のほかに陽子,中性子)は波でもあるという新しい考えを提唱したのです.電子はトムソン(J. J. Thomson)によって1897年に発見されましたが,電子は発見以来原子よりもさらに小さい最小の粒子として考えられていました.だから人々は,電子は粒子だと信じていました.その電子が波でもあるというのですからこれは驚きです.

ド・ブロイの革命的な提案

ド・ブロイ(図3.2)は電子などの物質を構成する粒子の波を物質波と名づけましたが,ド・ブロイは物質波の波長をλとすると,pを電子などの粒子の運動量($p = mv$),hをプランクの定数として,物質波の波長λは,次の式で表すことができると提唱したのです.

$$\lambda = h/p \tag{3.1}$$

しかも,この物資波は光と同じようにエネルギーεがプランクの定数hと物質波の振動数ν($\nu = c/\lambda$)を使って,次の式で表されると考えました.

$$\varepsilon = h\nu \tag{3.2}$$

3.1 シュレーディンガー方程式が生まれたいきさつ

図 **3.2** ルイ・ド・ブロイ（Louis de Broglie, 1892–1987）

これには背景があって，1章で示したように，プランクが光（光子）は $\varepsilon = h\nu$ の関係に従って，とびとびのエネルギー ε をもつと提案していたことや，このプランクの考えをもとにしてアインシュタインが光電効果（コラム 1.3 参照）の説明において，光量子（光子）のエネルギーとして $\varepsilon = h\nu$ の関係式を使ったことに基づいています．

ド・ブロイの提案でヒントを得たシュレーディンガーは電子の波動関数を創作した

さて，このド・ブロイの新しい説のニュースを知ったシュレーディンガーは非常に驚くと共に，この新しい説に強く関心をもち，ド・ブロイの新しい提案の内容を熱心に検討しました．この検討中にシュレーディンガーに一つのアイデアがひらめきました．物理学の分野には，従来の古典論にも波動方程式があることを思い出したのです（コラム 3.1 参照）．電子が波ならば，電子の波に対しても波動方程式をつくることができるのではないか，この波動方程式は電子の運動や電子によって起こる物理現象を記述する波動方程式になるのではないか，というわけです．

こうして，電子の波の方程式をつくり始めたシュレーディンガーは，まず電子の波を式で表すことを考えました．波はよく知られていますように，古くからサインやコサインといった三角関数を使って表されています．ここでは後の都合を考えて，コサイン関数で表すことにしましょう．

そして，ここでは波の関数を $f(x,t)$ として，$f(x,t)$ は次の式で表されると

> **コラム 3.1 ★　古典論の波と波動方程式について**
>
> 波の方程式は古典論でも波動方程式とよばれますが，古典論の波を表す波動関数を $U(x,t)$ とすると，波動方程式は次の偏微分を使った式で表されます．
>
> $$\frac{\partial^2 U(x,t)}{\partial x^2} = \frac{1}{v^2}\frac{\partial^2 U(x,t)}{\partial t^2} \tag{C3.1}$$
>
> ここで，v は波の速度です．
> 偏微分形を常微分形に直すと，古典論の波動方程式は次のようになります．
>
> $$\frac{\mathrm{d}^2 U(x,t)}{\mathrm{d} x^2} = \frac{1}{v^2}\frac{\mathrm{d}^2 U(x,t)}{\mathrm{d} t^2} \tag{C3.2}$$

します．

$$f(x,t) = A\cos\{2\pi(x/\lambda - \nu t)\} \tag{3.3}$$

この式 (3.3) で，A は波の振幅，λ は波の波長，ν は波の振動数，そして t は時間，x は位置（座標）を表しています．

シュレーディンガーは一般的な波の形 (3.3) を元にして，電子の波などの物質波の方程式をどのようにすべきかを考えました．物質波の波も波には違いないので，波の関数の形は式 (3.3) のままでよいとしました．しかし，物質波はまったく新しい波なので，シュレーディンガーは物質波の波長 λ は式 (3.1) で表されなければならないとし，振動数 ν も当然物質波のものでなければならないと考えました．

そこで，シュレーディンガーは物質波のエネルギー ε の式 (3.2) を使って，物質波の振動数 ν は，次の式で表されるとしました．

$$\nu = \varepsilon/h \tag{3.4}$$

そして，シュレーディンガーは，式 (3.1) の λ と式 (3.4) の ν を使って式 (3.3) の λ と ν をおき換え，電子の波は次の式

$$f(x,t) = A\cos\{2\pi(px/h - \varepsilon t/h)\}$$

$$= A\cos\left\{\frac{2\pi}{h}(px - \varepsilon t)\right\} \tag{3.5}$$

で表されるのではないかと考えました．ここで，量子力学の慣例に従って，h の代わりに次の式

$$\hbar = h/2\pi \tag{3.6}$$

を使うことにします．式 (3.6) の $\hbar$ はエイチバーとよばれます．この $\hbar$ を使いますと式 (3.5) は，次のように簡単になります．

$$f(x,t) = A\cos\{(px - \varepsilon t)/\hbar\} \tag{3.5'}$$

　波の式に関する演算を行うには，波の式を指数関数で表しておくのが便利です．この手法は物理学の世界では古くから一般的に使われています．ここでは目的はそれだけではないのですが，波をともかく指数関数で表しましょう．

　また，これまでは波の関数を $f(x,t)$ で表してきましたが，波を指数関数で表すこの機会に今後のことを考えて，量子力学でよく使われる記号である Ψ（ギリシャ文字でプサイと読む）を使って，波動関数を $\Psi(x,t)$ で表すことにします．

　そうしますと，波動関数 $\Psi(x,t)$ は，波の関数の指数関数の表示法に従って，式 (3.5') のコサイン関数に虚数単位 i を掛けたサイン関数を加えて，次の式で表すことにします．

$$\begin{aligned}\Psi(x,t) &= A\cos\{(px - \varepsilon t)/\hbar\} + iA\sin\{(px - \varepsilon t)/\hbar\} \\ &= Ae^{i(px - \varepsilon t)/\hbar}\end{aligned} \tag{3.7}$$

こうしてシュレーディンガーは電子の波として式 (3.7) をつくり，この波動関数を使ってシュレーディンガーは波動方程式（やがてシュレーディンガー方程式とよばれるようになる）をつくることになるのですが，これについては 5 章で説明することにします．

　ここで，一つだけ注意しておきますと，古典論において指数関数で表される波では，演算が終わった後は，指数関数の実数部，または（虚数の係数を除いた）虚数部のどちらかを取り出して使います．要するに，波を指数関数で表すのは演算を簡単にする手段にすぎません．

　しかし，量子力学での波動関数は虚数単位も含めて，指数関数のすべてが意味をもっています．これらのことをシュレーディンガー本人は意識していませ

んでしたが，まず式 (3.7) で表される波動関数は複素関数ですから，実在の波を表すものではなく，量子論的な波（後に，確率振幅の波とよばれる）です．

そして，波動関数の絶対値の二乗が波動関数の存在確率を表すものとなっています．ということで，指数関数で表された波動関数 $\Psi(x,t)$ は，シュレーディンガー本人が予想しなかった性質を帯びるようになります．しかし，だからこそ，量子力学の波動関数 $\Psi(x,t)$ は量子論の概念にあった波の関数ということになるのだと思います．

3.2　波動関数に宿る量子力学の基本概念

ド・ブロイの関係を使うことによって波動関数に入り込んだ量子力学の基本概念

ここでは式 (3.7) で表される波動関数に，シュレーディンガーが意識していなかったにもかかわらず，量子力学の基本概念が入り込んでいるという話をします．量子力学の基本概念にはプランクやアインシュタインの提唱したとびとびのエネルギーの概念のほかに，ハイゼンベルクの不確定性原理とパウリの排他律があります．これらはシュレーディンガー方程式が発表した後で確立した概念ですので，シュレーディンガー本人は波動関数の中に量子力学の基本概念が入っているという意識はなかったのです．

しかし，実際には波動関数の中には量子力学の基本概念が結果として含まれているので，これについて考えてみたいと思います．なお，パウリが排他律を発表したのは 1925 年ですが，この法則の重要性が確立したのは 1926 年より後になってからだと考えられます．

波動関数の中に量子力学の基本概念が含まれている原因は，電子などの波動関数がド・ブロイの物質波の概念を使ってつくられているからです．つまり，波動関数の創作に，式 (3.1) の関係式 $\lambda = h/p$ と，式 (3.2) の関係式 $\varepsilon = h\nu$ より求めた式 (3.4) を使ったために，波動関数の中に量子力学の基本概念が必然的に入り込むことになったのです．その理由をやや詳しく，以下に説明してみましょう．

まず，とびとびのエネルギーの概念ですが，この概念が波動関数に含まれていることは，電子などの粒子のエネルギー ε が，式 (3.2) で表される $\varepsilon = h\nu$ の関係式に従って，光のエネルギーと同じように $h\nu$ で表されているので，説明

するまでもないと思います．

波には古典物理学においても不確定性関係が存在する！

次に，不確定性原理がどのように波動関数に取り込まれているか調べてみましょう．古典論の波に関して古くから知られていることですが，波束（コラム 3.2 参照）とよばれる波があります．波束の波数を k としますと，波数 k の広がりの程度 Δk と波の場所的な偏りの程度（局在性）Δx の間には，次の不確定性関係が成立することが知られていました．

$$\Delta x \Delta k \sim 1 \tag{3.8}$$

なお，k は波数とか波数ベクトルとよばれるのですが，ここでは波数の方を使うことにします．すると，波数 k は波長の逆数で表され，次の式のように書けます．

$$k = 2\pi/\lambda \tag{3.9}$$

式 (3.9) の波数 k を使うと，式 (3.7) の物質波の運動量 p は次の式で表されます．

$$p = \frac{h}{2\pi} k \tag{3.10}$$

この式 (3.10) より，運動量 p の微小変化 Δp に対応して波数 k が Δk だけ変化すると考えますと，Δk は簡単な計算によって次の式で表されることがわかります．

$$\Delta k = \frac{\Delta p}{h/2\pi} \tag{3.11}$$

コラム 3.2　波束について

波動関数が空間的に狭い範囲の中だけで有限な値をもつ波は波束とよばれています．そして，波束はいくつかの波が重なり合ってつくられる波なので，波の束，つまり，波束とよばれているのです．

式 (3.11) の Δk を，波数 k と位置 x の不確定関係の式 (3.8) に代入すると，

$$\frac{\Delta x \Delta p}{h/2\pi} = \Delta x \Delta p/\hbar \sim 1$$

となって，上式より，次の関係が成り立つことがわかります．

$$\Delta x \Delta p/\hbar \sim 1 \tag{3.12}$$

この式 (3.12) の両返に $\hbar$ を掛けて変形すると，Δp と Δx の間に次の関係式が得られます．

$$\Delta x \Delta p \sim \hbar \tag{3.13}$$

この式 (3.13) の関係は，不確定性原理を表す次の式 (3.14) とほぼ同じです．

$$\Delta x \Delta p \geq \frac{\hbar}{2} \tag{3.14}$$

これはどういうことでしょうか？ 古典論の波束の不確定性関係の式 (3.8) と量子力学の不確定性原理の式 (3.14) が一致するということは，波の波数の広がり Δk と波の局在性 Δx の間の不確定性関係が，この波を粒子とみなした場合に，粒子の運動量 p の不確かさ Δp と位置（座標）x の不確かさ Δx の関係と等価な関係になることを示しています．

波動関数で表される波には，波束をつくる波だけではなく平面波のような波もありますが，量子力学の波動関数の波は，波束をつくる波もつくらない波も，共に不確定性原理の関係式が成り立つと考えられています．波動関数の表す粒子が不確定性原理で表されるような不確かな性質をもつようになったのは，電子の波にド・ブロイの物質波のアイデアをとり入れたためです．

ド・ブロイの提案した物質波のように，粒子でもあり，波でもあるようなとらえどころのないごく微小な粒子には，本質的に確率的な要素が伴っており，そのような粒子の運動量 p と位置（座標）x の間には不確定性原理の関係が働かざるを得なくなる，と解釈できます．波束になっている波動関数で表される粒子が，不確定性原理の関係を満たすことは容易に納得できます．波束をつくらない波動関数で表される粒子の場合には納得しにくい面もありますが，量子力学ではこれらの波で表される粒子に対しても不確定性原理は成り立つと考えられています．

(a) 古典論のとき　　　(b) 量子論のとき

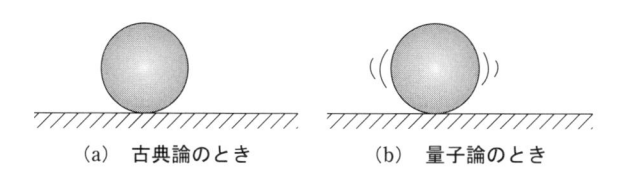

図 3.3　ゼロ点振動

　不確定性原理と関連して量子力学にある不思議な現象に，ゼロ点振動があります．ゼロ点振動とは，原子は絶対零度においても，不確定性原理があるために止まることができなくて動き続けているので，原子は絶対零度においても，図 3.3 に示すように，振動し続けるという現象です．

　何が不思議かというと，絶対零度の環境では，外部や周囲からの原子へのエネルギーの供与が不可能だからです．ですから，原子はエネルギーなしに振動していて，運動してもエネルギーも発生していないのです．これはエネルギー保存則に違反していますが，不確定性原理の方が優先されるといわれています．

　原子が常に動き続ける理由は，わかると思いますが，簡単に説明しておきますと，原子の位置の不確かさ Δx が 0 にできないので，原子の存在位置が一定の決まった位置に定まらないためです．原子が止まって静止する位置が定まらないということは，原子は動き続ける，つまり振動し続けざるを得ないことを示しているのです．

　さて，シュレーディンガー方程式の性質についてですが，以上の説明でわかるように，波動関数にはとびとびのエネルギーの概念や不確定性原理の概念が含まれています．ですから，一つの電子や多数の電子を表す波動関数でつくられるシュレーディンガー方程式も，波動関数のもつ確率的な性質の影響を受けて，同様な確率的な性質をもつのは当然ということになります．

　だからこそ，シュレーディンガー方程式を使って物理の問題を解くと，その解として確率的な要素を伴って量子論的な性質をもつ解が得られるのだと考えられます．たとえば，シュレーディンガー方程式を解くと，エネルギー的には入り込み得ないエネルギー障壁の中に，波動関数がしみ込むような結果が知られているように，このような確率的にしか解釈できない結果が得られるのです．

パウリの排他律は 2 個以上の電子を含む問題から必要になる

もう一つの基本概念のパウリの排他律は，2 個以上の粒子を扱うシュレーディンガー方程式で重要になる基本概念で，複数個の粒子を扱うシュレーディンガー方程式でない場合にはパウリの排他律は必要がないので，1 個の電子を扱うシュレーディンガー方程式にはこの概念は入ってきません．ですから，個々の波動関数にはパウリの排他律の概念は入っていないのです（p.136～138 参照）．

しかし，複数個の粒子を扱う物理の問題では，複数個の波動関数を使ったシュレーディンガー方程式が使われなければなりません．すなわち，複数個の粒子を扱う問題で使う波動関数は複数個の波動関数でつくられた複合した波動関数ということになります．こうした複合した波動関数はパウリの排他律の条件を満たさなければなりません．

パウリの排他律が満たすように波動関数をつくるのは難しそうですが，この難しそうなことが，個々の波動関数を行列要素とする行列式を使うことによって，うまく表現できるのです．ここでは式は示しませんが，これは行列式の性質のお陰です．

3.3　シュレーディンガーが思いもしない波動関数の性質

波動関数はシュレーディンガー本人が思いもよらない性質をもつようになる！

電子の波は，最初は電子が集まってできた雲，つまり，電子雲と考えられました．シュレーディンガーもこのように考えていました．しかし，量子力学の正統的な解釈によりますと，この雲は電子が集まったものではなく，電子の存在確率の空間的な密度分布を表すものです．このように書くと変に感じる人がいると思いますが，実はシュレーディンガー本人も，このようにいわれて変に感じた人の一人です．

量子力学の波動関数の性質については量子力学が誕生した頃激しい議論がありまして（今も一部で続いている？），最終的に，ハイゼンベルクの師のボルン（Max Born）が提案した統計的な解釈（波動関数は電子などの量子の存在確率を表すものであるという解釈）に落ち着いたのです．

しかし，議論が決着した後も，シュレーディンガーは電子雲が実在の電子の波を表すものであると主張して譲らなかったようですし，アインシュタインも量子力学の確率的な解釈は，最後まで（つまり死ぬまで）認めませんでした．で

すから，'最初実在する電子のつくる電子雲と考えられていたものが，電子の存在確率の空間的な密度分布を表す' といわれて変に感じる人がいるのは当然といえば当然です．

問 題

3.1 質量 $3 \times 10^{-28}\,\mathrm{kg}$ の粒子が $10^5\,\mathrm{m/s}$ の速度をもっているとすると，この粒子の波長 λ，運動量 p およびエネルギー ε はどれほどになるか？

3.2 位置座標を x とし，波長が λ で振動数が ν の波の時刻 t における波の形は $A\cos\{2\pi(x/\lambda - \nu t)\}$ という形で表される．この式を使って，波動関数 $\Psi(x,t)$ の実数部を求めよ．

3.3 本文の式 (3.7) を使って，波動関数とこれに複素共役な波動関数の積が A^2 になることを示せ．

3.4 振動数 ν が $1 \times 10^{10}\,\mathrm{s}^{-1}$ の波の波数 k の値を計算せよ．そして，波数 k の広がり Δk が $0.01\,\mathrm{m}^{-1}$ のときの，波束 x の広がり Δx の値を求めよ．

3.5 不確定性原理によって，原子はエネルギーを供給されなくても常に動き続けて，原子は静止することはできないといわれている．その理由を考察せよ．

4 物理量から生まれた演算子とその交換関係

　この章では，量子力学で用いられる演算子について解説していきます．はじめに四則演算などよく知っている例をあげながら，演算子の性質について説明します．次いで，物理量からつくられる演算子という，量子力学特有の演算子について述べた後，演算子の交換関係について説明します．

4.1　プラス記号やマイナス記号も演算子

微分記号は演算子

　演算子と聞くと初耳だと感じる人もいるかもしれませんが，実は誰でもすでに演算子を使った経験があるはずです．というのは算数で足し算や引き算に使われるプラス記号やマイナス記号も演算子だからです．

　たとえば，足し算をするときに $1+2$ と書いたときのプラス記号（＋）は，誰でも知っているように，'1 に 2 を加えなさい' という意味です．つまり，プラス記号（＋）は後ろの数字に '加える' という命令をしているわけです．ですから，この命令に従って演算が行われると，答えは 3 となります．このように記号の後にくる数字などに，命令などある種の作用をする記号を演算子とよびます．

　同じように掛け算の記号の×や割り算の記号の÷も演算子ですが，量子力学で使われる演算子の性質とその働きをよく理解するには，演算子の代表として数学の微分記号を使った演算子について説明するのが最も有効です．

　微分記号は数や関数を微分する記号で，たとえば，位置（座標）x を同じ x で微分するときは x の前に微分記号 d/dx をおきます．すなわち，$(d/dx)x$ と書きますが，このときに使われている微分記号 d/dx が演算子です．この記号は微分演算子とよばれます．

そして，この演算を実行すると，$dx/dx = 1$ となって，x を x で微分すると答えは 1 になります．このようにある数（たとえば x）に演算子（d/dx）を作用させると，ある数は変化します．演算子は数や関数に作用して，これらの数や関数を変化させる働きをするもののことです．ですから，演算子は決して難しいものではありません．

4.2　量子力学で使われる演算子

量子力学では物理量が演算子に変えられる！

　ここでは量子力学で使われる演算子について説明しますが，その前に，量子力学で使われる演算子には特別な意味があることを，説明しておきたいと思います．奇妙な話ですが，量子力学では物理量が演算子に変えられるのです．おとぎ話には，'人間がロバに変えられる'とか，'石像に変えられる！'という恐ろしい話がありますが，量子力学においても物理量が演算子に変えられてしまうのです！

　量子力学に従って問題を解くためには，求めたい物理量に関係する重要な物理量が演算子に変換されている必要があります．量子力学で演算子に変えられる物理量は一般性のあるものであり，それらの物理量は運動量や位置（座標）および，その物理量がかかわる物理系のエネルギーなどです．

　なぜこのようなことをするかというと，5章でシュレーディンガー方程式を説明しますが，実際の物理の問題を，量子力学を使って解くには，その問題にかかわる物理量についてシュレーディンガー方程式を解く必要があります．そして，シュレーディンガー方程式を解くには，当然のこととして，シュレーディンガー方程式にその問題の物理量がかかわる運動量とかエネルギーが含まれていなくてはなりません．

　しかし，シュレーディンガー方程式の性質上，方程式の中に物理量をそのままの形で取り入れることはできないのです．シュレーディンガー方程式に含ませることができるものは，波動関数と演算子だけだからです．

　量子力学がいくら変わっているといっても，使うのは演算子ですから，物理量から演算子に変えられた演算子であっても，従来の演算子と何らかのつながりがなくては誰もそれを演算子だと認めません．

ですから，運動量やエネルギーの演算子は以前から使われている演算子で構成されているのです．その点では，量子力学における物理量から演算子への変換は見事な変貌というほかはありません．

物理量がいかにして演算子に変えられるか？

プラス，マイナスの記号と共に微分記号の d/dx が演算子であることを 4.1 節で説明しましたが，量子力学ではこの微分記号 d/dx（や偏微分記号 $\partial/\partial x$）を使って物理量の演算子が見事につくられるのです．ここでは，これについて説明しましょう．

物理量を使って演算子をつくることは物理量の演算子化といわれますが，物理量を演算子化するために，実際にどのようなことが行われるのかを次に見てみましょう．物理量を演算子として微分記号と関連づけるためには，演算されるものとして微分操作が可能なもの，すなわち，変数の x や y で構成される関数を使う必要があります．そして，量子力学では，この微分可能な関数として，驚いたことに波動関数が使われています．

波動関数を使って運動量 p の演算子をつくる

ここでは運動量を，波動関数を使って演算子化してみましょう．運動量は運動している物体の質量 m に運動速度 v を掛けた mv で表されますが，量子力学では運動量は記号 p でも表示されることが多いです．さて，3 章で述べた波動関数は次の式で表されます．

$$\Psi(x,t) = Ae^{i(px-\varepsilon t)/\hbar} \tag{3.7}$$

この波動関数 $\Psi(x,t)$ を x で微分するとコラム 4.1 の結果を使って次の式になります．

$$\frac{\mathrm{d}\Psi(x,t)}{\mathrm{d}x} = \frac{ip}{\hbar}\Psi(x,t) \tag{4.1}$$

式 (4.1) は d/dx の記号を波動関数 $\Psi(x,t)$ の前に出して，次のように書くこともできます．

$$\frac{\mathrm{d}}{\mathrm{d}x}\Psi(x,t) = \frac{ip}{\hbar}\Psi(x,t) \tag{4.2}$$

> **コラム 4.1　波動関数の x と t による偏微分**
>
> 　偏微分は，変数が複数の関数を微分するとき一つの変数のみに着目して行う微分です．大抵は微分と同じ結果になるので，微分記号が d/dx から $\partial/\partial x$ へ変更されるだけと考えて差し支えありません．
>
> 　波動関数 $\Psi(x,t) = Ae^{i(px-\varepsilon t)/\hbar}$ を 1 回偏微分すると，次のようになります．
>
> $$\frac{\partial \Psi(x,t)}{\partial x} = \frac{ip}{\hbar} Ae^{i(px-\varepsilon t)/\hbar} = \frac{ip}{\hbar}\Psi(x,t) \tag{C4.1}$$
>
> だから，1 回偏微分すると元の波動関数 Ψ に $ip/\hbar$ を掛けたものになります．したがって，2 回偏微分すると（もちろん微分でも同じで）波動関数 Ψ に $ip/\hbar$ を 2 回掛けて，$i^2 = -1$ に注意すると，次の式が得られます．
>
> $$\frac{\partial^2 \Psi(x,t)}{\partial x^2} = -\frac{p^2}{\hbar^2}\Psi(x,t) \tag{C4.2}$$
>
> 次に，波動関数 $\Psi(x,t)$ を時間 t で 1 回偏微分すると，同様にして次のようになります．
>
> $$\frac{\partial \Psi(x,t)}{\partial t} = \frac{-i\varepsilon}{\hbar} Ae^{i(px-\varepsilon t)/\hbar} = \frac{-i\varepsilon}{\hbar}\Psi(x,t) \tag{C4.3}$$
>
> また，t で 2 回偏微分すると，x の偏微分と同様にして，次のようになります．
>
> $$\frac{\partial^2 \Psi(x,t)}{\partial t^2} = -\frac{\varepsilon^2}{\hbar^2}\Psi(x,t) \tag{C4.4}$$

この式 (4.2) を見ると，右辺と左辺には同じ関数 $\Psi(x,t)$ があるので，この $\Psi(x,t)$ を省略してこの式 (4.2) を書いてみますと，次の式

$$\frac{d}{dx} = \frac{ip}{\hbar} \tag{4.3}$$

が得られます．式 (4.3) から，運動量 p として次の式 (4.4) が得られます．

$$p = -i\hbar \frac{d}{dx} \tag{4.4}$$

○運動量 $\boldsymbol{p}$ の演算子化

三次元の表示 $\boldsymbol{p} \longrightarrow -i\hbar \nabla$

$$\nabla = \frac{\partial}{\partial x}\boldsymbol{i} + \frac{\partial}{\partial y}\boldsymbol{j} + \frac{\partial}{\partial z}\boldsymbol{k}$$

一次元の表示 $\begin{cases} P_x \longrightarrow -i\hbar \dfrac{\partial}{\partial x} \\ P_y \longrightarrow -i\hbar \dfrac{\partial}{\partial y} \\ P_z \longrightarrow -i\hbar \dfrac{\partial}{\partial z} \end{cases}$

○エネルギー ε の演算子化

$$\varepsilon \longrightarrow i\hbar \frac{\partial}{\partial t}$$

図 **4.1** 物理量の演算子化

式 (4.4) への変形では $i^2 = -1$ の関係を使っています.

　式 (4.4) を見ると，左辺は運動量という物理量，右辺は演算子 d/dx に定数 $-i\hbar$ を掛けたものなので，右辺は要するに演算子になっています．ですから，式 (4.4) によって運動量 p が演算子の形で表現されたことになります．以上のようにして，運動量 p を演算子化した演算子として，$-i\hbar d/dx$ が得られます．厳密には式 (4.4) は運動量の演算子の x 成分 p_x です．ここで三次元の運動量の演算子化を図 4.1 に示しておきましょう．

　なお，量子力学では演算子にもしばしば物理量と同じ記号が使われます．たとえば，運動量という物理量も運動量の演算子も同じ記号の p が使われます．ですから，専門書などでは書かれている記号（p）が運動量という物理量を指すのか，運動量を演算子化したものを表しているのかを読者が判断しなければならないことがありますが，文脈から判断するほかないのです．この判断は初学者にとっては必ずしも容易でないので，本書では，使用の都度説明を加えるようにします．

　ここで，ついでにエネルギーの演算子を求めておきますと，この場合は時間 t の偏微分（または常微分）ですが，運動量の場合と同様にして，コラム 4.1 の式 (C4.3) を使って，次の式で与えられることがわかります．

$$\varepsilon = i\hbar \frac{\mathrm{d}}{\mathrm{d}t} \tag{4.5}$$

エネルギーの演算子の場合にも物理量のエネルギーと同じ記号の ε が使われます．

運動量の二乗 p^2 の演算子も波動関数からつくられる

シュレーディンガー方程式では運動量の二乗 p^2 の演算子も重要な働きをします．運動量の二乗 p^2 の演算子の求め方については，コラム 4.2 に示したように，式 (C4.5) を使うと，運動量の二乗 p^2 の演算子は次の式で与えられることがわかります．

$$p^2 = -\hbar^2 \frac{\mathrm{d}^2}{\mathrm{d}x^2} \tag{4.6}$$

コラム 4.2　運動量の二乗 p^2 の演算子の求め方

波動関数 $\Psi(x,t)$ を 2 度偏微分するとコラム 4.1 に示すように，式 (C4.2) で表されるので，両辺の $\Psi(x,t)$ を省略すると次の式が得られます．

$$\frac{\partial^2}{\partial x^2} = -\frac{p^2}{\hbar^2} \tag{C4.5}$$

この式 (C4.5) より，運動量の二乗 p^2 の演算子は（同じ記号の p^2 で書くと）次のように求めることができます．

$$p^2 = -\hbar^2 \frac{\partial^2}{\partial x^2} \tag{C4.6}$$

4.3　ハミルトニアンという演算子

量子力学のハミルトニアンは，元々はエネルギーを表すもの

最初に説明しましたように，シュレーディンガー方程式を解くには，問題にしている物理系のエネルギーを演算子化することが重要です．ここでは，これについて考えてみましょう．量子力学で使われる系のエネルギーを演算子化したものには名前がついていまして，ハミルトニアンとよばれます．同じ言葉が

使われてまぎらわしいのですが，演算子化する前の元のハミルトニアンはエネルギーを表す物理量です．

実は（古典）物理学の中の解析力学には古くからハミルトニアンはありました．ハミルトニアンというのは，課題としている物理系の全エネルギーであると定義されています．ですから，全エネルギーを表すハミルトニアンを H_E としますと，H_E は運動エネルギー $(1/2)mv^2$ と位置のエネルギー $V(x)$ を加えた次の式で表されます．

$$H_\mathrm{E} = \frac{1}{2}mv^2 + V(x) \tag{4.7}$$

そして，$p = mv$ の関係を用いると，運動エネルギー $(1/2)mv^2$ は次のように表せます．

$$\frac{1}{2}mv^2 = \frac{p^2}{2m} \tag{4.8}$$

したがってハミルトニアン（エネルギー）はこの式の関係を使って次の式で表されることがわかります．

$$H_E = \frac{p^2}{2m} + V(x) \tag{4.9}$$

ハミルトニアン（エネルギー）からハミルトニアン（演算子）をつくる

ここまでくればハミルトニアン（エネルギー）を演算子化することは簡単です．それでは，まず運動エネルギー $p^2/2m$ の演算子化を行いましょう．この作業は比較的簡単で，運動量の二乗の演算子の式 (4.6) の両辺に，左側から $1/2m$ を掛けると，次の式が得られます．

$$\frac{p^2}{2m} = -\frac{\hbar^2}{2m}\frac{\mathrm{d}^2}{\mathrm{d}x^2} \tag{4.10}$$

したがって，式 (4.10) の右辺が運動エネルギーの演算子を表しています．

これを使うと，ハミルトニアン H は，式 (4.9) を使って，次の式のように表され，

$$H = -\frac{\hbar^2}{2m}\frac{\mathrm{d}^2}{\mathrm{d}x^2} + V(x) \tag{4.11}$$

となり，ハミルトニアン（エネルギー）が演算子化できることがわかります．

式 (4.11) はハミルトニアン（演算子）の x 成分を表しますので，三次元表示ではハミルトニアンはコラム 4.3 にある ∇^2（ナブラ二乗）の記号を使って，次の式で表されます．

$$H = -\frac{\hbar^2}{2m}\nabla^2 + V(r) \tag{4.12}$$

コラム 4.3 ★　三次元表示の運動量 p と運動量の二乗 p^2 の演算子

量子力学は本来三次元の物理現象を取り扱うものですので，ここで運動量 p と運動量の二乗 p^2 の演算子の三次元表示を示しておくことにします．三次元表示では次の記号 ∇（ギリシャ文字でナブラと読む）と ∇^2（ナブラ二乗と読む）を使うのが便利です．

$$\nabla = \frac{\partial}{\partial x}\boldsymbol{i} + \frac{\partial}{\partial y}\boldsymbol{j} + \frac{\partial}{\partial z}\boldsymbol{k} \tag{C4.7}$$

$$\nabla^2 = \frac{\partial^2}{\partial x^2} + \frac{\partial^2}{\partial y^2} + \frac{\partial^2}{\partial z^2} \tag{C4.8}$$

これらの ∇ と ∇^2 記号を使うと運動量 p と運動量の二乗 p^2 の演算子の三次元表示は次のようになります．

$$p = -i\hbar\nabla \tag{C4.9}$$

$$p^2 = -\hbar^2\nabla^2 \tag{C4.10}$$

4.4　演算子の交換関係

演算子の交換関係の意味

量子力学で演算子が使われる場合に，演算子の交換関係が重要になるので，ここでは演算子の交換関係について説明しておきましょう．いま，二つの演算子があるとします．これらの演算子を A と B としましょう．すると，A に B を掛けた AB と B に A を掛けた BA は必ずしも等しくなりません．すなわち，AB と BA の差は必ずしも 0 にはならないので，等しくないときは次の式が成立します．

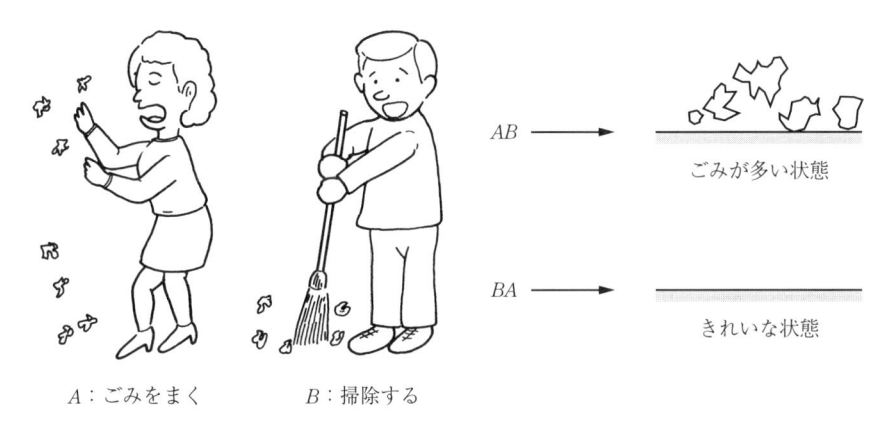

図 **4.2** 演算子 A と B の積 AB と BA の違い

$$AB - BA \neq 0 \tag{4.13}$$

この式 (4.13) の左辺の関係式 $AB - BA$ は演算子の交換関係とよばれます．

　これまでの説明で演算子についてはある程度理解できたと思いますが，演算子の交換関係は量子力学では非常に重要ですので，ここで漫画的な例えを使って演算子 A と演算子 B の交換関係を解説してみましょう．

　いま，演算子 A を '部屋を汚す' 動作とし，演算子 B を '部屋を掃除する' 動作としますと，図 4.2(a) に示す AB ですと，掃除した部屋を汚すことになりますので，AB の演算結果はゴミだらけの部屋です．しかし，図 4.2(b) の場合のように BA ですと，この BA の演算では汚した部屋を掃除することになりますので，結果として部屋はきれいな状態になります．だから，AB と BA では結果はまったく異なるのです．ですから，AB と BA は等しくなりません．

　以上の説明で演算子の交換関係についてのイメージはつかめたと思います．ただし，量子力学の演算子には関数や演算子に作用させても，作用させる対象の関数や演算子が変化しない演算子もあります．位置エネルギーの演算子の $V(x)$ などはこの種の演算子です．しかし，微分記号（偏微分記号）を含む演算子の運動エネルギー $(1/2)mv^2$ の演算子は，これを関数に作用させると関数は大きく変化し，関数は元の関数とはまったく別のものになります．

p と x が演算子ならば，xp と px は必ずしも等しくない！

量子力学（の理論）の発見につながった有名な交換関係に，位置（座標）の演算子 x と運動量の演算子 p の，次の交換関係があります．

$$xp - px = i\hbar \tag{4.14}$$

一般的にはこの式 (4.14) の x と p は三次元の量を表しますので，この関係式の x や p が x 成分であることをはっきり示すために書き直しておきますと，次のようになります．

$$xp_x - p_x x = i\hbar \tag{4.15}$$

この式 (4.15) を使って xp と px の交換関係について少し考えてみましょう．この式 (4.15) は左辺 $xp_x - p_x x$ の値が，$\hbar(= h/2\pi, h = 6.626 \times 10^{-34}$ J·s) という非常に小さい値に虚数単位 i を掛けたものになることを示しています．ですから，$xp_x - p_x x$ の値は限りなく 0 に近いのですが，0 ではありません．

本当に $xp_x - p_x x$ の値が 0 にならないかどうか調べてみましょう．x は位置（座標）の演算子ですから，これはこのままとします．p_x は運動量の演算子ですから，正しくは式 (4.4) に従って，$-i\hbar \mathrm{d}/\mathrm{d}x$ ですが，$-i\hbar$ は変数ではなく定数なので，この定数を C_1 とし，p_x を $C_1 \mathrm{d}/\mathrm{d}x$ とすることにします．

すると，xp_x は $xC_1 \mathrm{d}/\mathrm{d}x = C_1 x \mathrm{d}/\mathrm{d}x$ となります．微分演算子 $\mathrm{d}/\mathrm{d}x$ が作用する相手は何もありませんので，この式はこれ以上変わりません．一方，$p_x x$ は p_x の演算子を微分記号を使って書き直しますと，$C_1(\mathrm{d}/\mathrm{d}x)x$ となりますので，これを演算すると，$p_x x$ は $C_1(\mathrm{d}/\mathrm{d}x)x = C_1(\mathrm{d}x/\mathrm{d}x) = C_1$ となります．

この結果，xp_x は $C_1 x \mathrm{d}/\mathrm{d}x$ となり，$p_x x$ は C_1 になることがわかります．したがって，xp_x と $p_x x$ は等しくありません．ですから，確かに $xp_x - p_x x$ は 0 にならないことがわかります．ここではこれ以上詳しい議論はしませんが，$xp_x - p_x x$ の交換関係も，x と p の座標成分が異なって，$xp_y - p_y x$ となる場合は，この値は 0 になります．ですから，$xp - px$ の値は必ずしも 0 にはならないという表現が使われるのです．

$xp - px$ の交換関係の深い意味

運動量の演算子 p と位置（座標）演算子 x は，数学で行列とよばれる，数字を縦と横に並べて両側に括弧の枠をつけた数式で表すことができます．実はハ

イゼンベルクはこの行列を使って運動量 p と位置 x の交換関係を発見し，行列を使った行列力学をシュレーディンガーよりも 1 年早く，1925 年に発表しています．

行列力学は最初に提案された量子力学であるとともに，波動力学と並んで重要な理論ですが，行列力学はとっつきにくく，難しい（と思われている）ので一般にはそれほどなじみがないのですが，量子力学を学ぶからには頑張って一度は勉強すべきでしょう．

初学者にとっては行列も行列力学も難しく感じるかもしれませんので，ここではこれらの詳細な説明はしません．しかし，数式 $xp - px$ で表される重要な交換関係を説明するために，運動量 p や位置（座標）x を行列であるとして定性的な説明をしてみたいと思います．というのは，行列は演算子の働きをするからです．

いま，運動量 p の行列を $[行列]_p$ とし，位置（座標）x の行列を $[行列]_x$ とすることにして，$[行列]_x$ と $[行列]_p$ の交換関係を考えてみましょう．ハイゼンベルクはこの交換関係を，具体的に数字の並んだ行列を用いて表しましたが，これはかなり複雑で難しく専門的になりますので，ここでは簡単に $[行列]_p$ と $[行列]_x$ にすることにしたいと思います．

そして，ハイゼンベルクはこれらの行列の $[行列]_p$ と $[行列]_x$ の間には，次の交換関係が存在することを発見したのです．

$$[行列]_x \times [行列]_p - [行列]_p \times [行列]_x = i\hbar \qquad (4.16)$$

これがハイゼンベルクの行列力学の発端です．実はこの式 (4.16) が，式 (4.14) で表される xp と px の交換関係の式の元の式なのです．

しかも，式 (4.14) や式 (4.16) の関係式は，2 章で述べた前期量子論の基本的な式といわれるボーア–ゾンマーフェルトの量子条件の式 (2.10) の左辺の積分内容を，行列を使って表すとこのようになるのです．つまり，式 (4.16) の関係は量子条件と等価なものなのです．だから，式 (4.16) の関係をハイゼンベルクが発見したことによって，ボーアの仮定した量子条件は仮定されたものではなく理論的に導かれたものになったのです．こうして，この関係式 (4.16) で表される交換関係は量子力学の誕生の鍵ともなるきわめて重要な役割を果たす式となったのでした．

問　題

4.1 波動関数 $\Psi(x,t) = Ae^{i(px-\varepsilon t)\hbar}$ を x で 1 回偏微分して運動量の演算子を求めよ．また，時間 t で 1 回偏微分してエネルギーの演算子を計算せよ．

4.2 次の関数に演算子 $\mathrm{d}/\mathrm{d}x$ を作用させよ．また，定数 C を演算子化した演算子も作用させよ．(i) $x^2 + x$, (ii) $\sin x + 1$, (iii) e^x.

4.3 A を演算子として次の式の演算を実行せよ．ここで，演算子 A は $\mathrm{d}^2/\mathrm{d}x^2$ で，C は定数である．(i) xAe^{x^2}, (ii) CAe^x.

4.4 次の積分を実行せよ．ただし，A は演算子で，$A=\mathrm{d}/\mathrm{d}x$ で，C は定数である．
(i) $\int_0^1 CAe^{-x}\mathrm{d}x$, (ii) $\int_0^1 e^{-x}AC\mathrm{d}x$, (iii) $\int_0^1 e^{-x}Ae^{2x}\mathrm{d}x$.

4.5 演算子 A と B の間には $AB = BA$ の場合と $AB \neq BA$ の二つの場合がある．演算子 A を $\mathrm{d}/\mathrm{d}x$ とし，定数 C を演算子 B として，AB と BA の値を計算せよ．

5 発見者にならってシュレーディンガー方程式を導く

この章では，まず，シュレーディンガー方程式について簡単に説明し，演算子が重要な役割を果たしていることを解説します．続いて，シュレーディンガー方程式の発見にまつわる歴史的な逸話にも触れながら，シュレーディンガー方程式の導き方を具体的にやさしく説明します．

5.1 シュレーディンガー方程式は演算子が支配する

世にも奇妙なシュレーディンガー方程式

シュレーディンガー方程式とはどういうものでしょうか？ まず，この疑問に簡単に答えることから話を始めましょう．式の導出の経緯は次の 5.2 節で述べることにして，ここではシュレーディンガー方程式の概要を説明し，その独特な点を見てみたいと思います．

シュレーディンガー方程式は 4 章の式 (4.12) で表されるハミルトニアン（演算子）H を使って次のように書かれます．

$$H\Psi(\bm{r},t) = i\hbar \frac{\partial \Psi(\bm{r},t)}{\partial t} \tag{5.1a}$$

または，ハミルトニアン H の内容を具体化して表しますと，シュレーディンガー方程式は

$$\left\{ -\frac{\hbar^2}{2m}\nabla^2 + V(\bm{r}) \right\} \Psi(\bm{r},t) = i\hbar \frac{\partial \Psi(\bm{r},t)}{\partial t} \tag{5.1b}$$

となります（コラム 5.2 参照）．

x 座標を用いて一次元の場合で表しますと，ハミルトニアン H を書き下したシュレーディンガー方程式は次のようになります．

$$\left\{-\frac{\hbar^2}{2m}\frac{\mathrm{d}^2}{\mathrm{d}x^2}+V(x)\right\}\Psi(x,t)=i\hbar\frac{\mathrm{d}\Psi(x,t)}{\mathrm{d}t} \tag{5.1c}$$

式 (5.1a) や式 (5.1c) を見てわかるように，シュレーディンガー方程式には普通の物理学（古典論）で使う微分方程式にない特徴があります．

まず，プランクの定数（実際にはプランクの定数 h を 2π で割った $\hbar$ が入っています．次に，ハミルトニアン H などの演算子があります．あとは波動関数 $\Psi(x,t)$ と，普通の微分方程式で使われる微分記号（または，偏微分記号）です．シュレーディンガー方程式は，普通の方程式と異なって物理量をそのままの形では含まない演算子と，波動関数で構成される方程式になっていて，演算子が重要な役割を演じていることがわかります．

シュレーディンガー方程式が古典論の波動方程式と異なる原因はド・ブロイの物質波を使ったために起こっている

シュレーディンガー方程式が古典論の普通の微分方程式（または，偏微分方程式）と異なっている原因は何でしょうか？　原因は二つあると思われます．一番大きな原因は，ド・ブロイの定義に従って粒子を波とした，特殊な波を使っていることです．このような波はそれまでの物理学の世界（古典論）には存在しませんでした．

もう一つの原因は，本来は系の全エネルギーであるハミルトニアン H_E を，演算子化して演算子として使っていることです．ですから，シュレーディンガー方程式は普通の微分方程式ではなく量子論を含んだ特別の意味をもつ微分方程式となるのです．

しかも，使われている電子の波の関数の波動関数は，3 章で説明したように，量子力学の基本概念を含んでいます．シュレーディンガー方程式を使って物理の問題を解けば，量子力学の基本概念に合致した解が得られるのは，このようなカラクリがシュレーディンガー方程式の中に隠れているからです．

シュレーディンガー方程式に隠れたカラクリが生じた原因は？

なぜ '隠れている' などというかといいますと，シュレーディンガーは理論的な確信があってシュレーディンガー方程式をつくったわけではなく，次に示すように，半ば半信半疑でド・ブロイの関係を使って電子の波の波動方程式をつくってみて，水素原子に適用してみたら実験結果によく合うものができてしまっ

た，これは本物らしいというのがシュレーディンガー方程式の誕生の真相のようだからです．

だから，歴史的・時間的には彼が波動方程式を発表した後に確立した量子力学の基本概念は，シュレーディンガーがこの式を発表したとき（1926年の時点）には，彼の頭の中にはまったく存在していなかったわけなのです．シュレーディンガー方程式の内容の真相は量子力学の基本概念が発見された後に確立しているのです．

5.2　シュレーディンガー方程式を具体的に導く

電子の波を使って古典論に似た波動方程式を考えた

シュレーディンガーはド・ブロイの提案した物質波を使っています．物質波というのは物質を構成する粒子（電子，陽子，中性子）を波でもあると考えた一風変わった波です．この波はド・ブロイが提案したのでド・ブロイ波ともよばれます．

物質波（ド・ブロイ波）を使ったシュレーディンガー方程式はすべての物質粒子に適用できるのですが，実際問題としてはシュレーディンガー方程式が適用される多くの場合は電子を扱いますので，ここでは物質波は電子の波と考えることにしましょう．シュレーディンガーもそうしたように，ここでは電子を想定して話を進めていると考えてください．

シュレーディンガーはコラム3.1に示した次の式で表される古典論の波動方程式

$$\frac{\partial^2 U(x,t)}{\partial x^2} = \frac{1}{v^2}\frac{\partial^2 U(x,t)}{\partial t^2} \tag{C3.1}$$

を頭において，3章で述べた波動関数の式 (3.7) を使って電子の波の波動方程式をつくったのです．式 (C3.1) の古典論の波動方程式では波動関数として $U(x,t)$ が使われています．

古典論の波動方程式では，v は波の速度ですが，量子論の波動方程式では，この定数は電子などの運動速度になり，高速になります．量子力学で扱う粒子は原子の中を高速で運動する粒子が主流だからです．

改めて書くと，粒子としては電子を想定します．とくに，速度 v で運動している原子の中の電子を想定し，この電子を波でもあると考えて物質波の波と考

えます．そして，電子の波が従うべき波動方程式としては，シュレーディンガーに従って，まずは古典論に似たものを想定することにしましょう．

シュレーディンガーが波動方程式をつくったお話

以下の文章において数式以外の文章部分は，歴史的な事実を参考にして創作したフィクションとでも考えてください．シュレーディンガーの模索した過程を当時のままに忠実に書くことはできませんので，念のために，最初に断っておきたいと思います．

シュレーディンガーはド・ブロイの物質波を使って古典論の波動方程式 (C3.1) と同じような電子の波動方程式をつくることを考えました．さて，式 (C3.1) を見ると左辺は波動関数 $U(x,t)$ の位置（座標）x による 2 階の偏微分で，右辺は時間 t による 2 階の偏微分になっています．ですからシュレーディンガーはこの式にならって，電子の波動関数を x と t でそれぞれ 2 回偏微分することにしました．

波動関数 $\Psi(x,t)$ は 3 章の式 (3.7) で表されますが，再掲しますと

$$\Psi(x,t) = Ae^{i(px-\varepsilon t)/\hbar} \tag{3.7}$$

となっています．波動関数 $\Psi(x,t)$ を x で 2 回偏微分すると，4 章のコラム 4.1 に示したように

$$\frac{\partial^2 \Psi(x,t)}{\partial x^2} = -\frac{p^2}{\hbar^2}\Psi(x,t) \tag{C4.2}$$

となります．また，t で 2 回偏微分すると，これもコラム 4.1 に示したように

$$\frac{\partial^2 \Psi(x,t)}{\partial t^2} = -\frac{\varepsilon^2}{\hbar^2}\Psi(x,t) \tag{C4.4}$$

となります．

古典論の波動方程式では前ページに示した式 (C3.1) からわかるように，x で 2 回偏微分した波動関数は，t で 2 回偏微分したものの定数 $1/v^2$ 倍になっています．しかし，式 (C4.2) と式 (C4.4) を見比べると，二つの式には基本的に大きな違いがあります．なぜなら位置のエネルギーの働かない空間で運動する電子などの場合は，エネルギー ε は運動エネルギーだけからなり，次の式で表されるからです．

5.2 シュレーディンガー方程式を具体的に導く

$$\varepsilon = \frac{p^2}{2m} \tag{5.2}$$

この式 (5.2) を使いますと ε^2 は p^4 になってしまって，(C4.2) と (C4.4) の二つの式を使ったのでは古典論の波動方程式のように x の 2 階微分と t の 2 階微分の間に等式は成立しそうにありません．困ったシュレーディンガーは，古典論の波動方程式とは異なってしまいますが，次の波動関数の t に関する 1 階の偏微分の式（4 章のコラム 4.1 の式 (C4.3) を再掲）

$$\frac{\partial \Psi(x,t)}{\partial t} = \frac{-i\varepsilon}{\hbar}\Psi(x,t) \tag{5.3}$$

に注目しました．

この式の右辺にある ε は，$p^2/2m$ ですから，右辺の係数は p^2 の定数倍になります．ですから，波動関数 $\Psi(x,t)$ を t で 1 回偏微分した式ならば，x で 2 回偏微分した式と等しくなる可能性があります．しかし，それでは波動方程式の片方が時間 t について 1 階の偏微分で，他方が x についての 2 階の偏微分になりますので，この関係を使って波動方程式をつくると古典論の波動方程式とは異なってしまいます．しかし，シュレーディンガーは前ページの式 (C4.2) と式 (5.3) に注目しました．この二つの式ならばともかく等式ができそうだからです．

このことには気づいたシュレーディンガーは式 (C4.2) と式 (5.3) の右辺が等しくなる条件を考えました．そしてコラム 5.1 に示すように，二つの式の係数を工夫することにより両者は等しくなり，式 (C5.4) に示すように，次の微分方程式が成立することを発見したのでした．

$$-\frac{\hbar^2}{2m}\frac{\partial^2 \Psi(x,t)}{\partial x^2} = i\hbar\frac{\partial \Psi(x,t)}{\partial t} \tag{5.4}$$

こうしてともかく，シュレーディンガーは電子を波とした場合の波動方程式らしき偏微分方程式をつくることができました．しかし，この微分方程式が果たして電子の正しい波動方程式かどうかはわかりません．古典論の波動方程式と似ているのは式 (5.4) の左辺だけで，右辺は時間 t の項については，t の 1 階の偏微分の式ですから古典論の波動方程式とは大きく異なっているのです．

電子の波動方程式らしきものは得られたが果たして正しいだろうか？

シュレーディンガーは新しくつくった電子の波動方程式が正しいかどうかを検証するために，当時前期量子論を使ったボーアらの水素原子スペクトルの説

コラム 5.1 ★　$\partial^2 \Psi(x,t)/\partial t^2$ と $\partial \Psi(x,t)/\partial t$ の関係についての演算

式 (5.3) の ε を式 (5.2) の関係 ($\varepsilon = p^2/2m$) を使って書き換えると，次の式

$$\frac{\partial \Psi(x,t)}{\partial t} = -i \frac{p^2}{2m\hbar} \Psi(x,t) \tag{C5.1}$$

が得られ，この式 (C5.1) の両辺に左から $-i(2m/\hbar)$ を掛けると次のようになります．

$$-i\frac{2m}{\hbar} \frac{\partial \Psi(x,t)}{\partial t} = -\frac{p^2}{\hbar^2} \Psi(x,t) \tag{C5.2}$$

次に，この式 (C5.2) と 50 ページに示した式 (C4.2) の右辺は等しいので，これらの二つの式の左辺同士を等しいとおくと次の式が得られます．

$$\frac{\partial^2 \Psi(x,t)}{\partial x^2} = -i \frac{2m}{\hbar} \frac{\partial \Psi(x,t)}{\partial t} \tag{C5.3}$$

そして，この式 (C5.3) の両辺に左から $-\hbar^2/2m$ を掛けると次の関係式

$$-\frac{\hbar^2}{2m} \frac{\partial^2 \Psi(x,t)}{\partial x^2} = i\hbar \frac{\partial \Psi(x,t)}{\partial t} \tag{C5.4}$$

が成立することがわかります．

明に注目しました．そして，水素原子構造の説明に，彼の見つけた波動方程式 (5.4) を適用してみました．すなわち，シュレーディンガーは，彼の発見した式 (5.4) を適用して計算した結果を水素原子スペクトルの実験結果，並びにボーアたちの解釈と比較することにしました．

早速実行したシュレーディンガーは，波動方程式 (5.4) を使って計算した結果が水素原子スペクトルの実験結果をうまく説明することを知って驚くと共に安心しました．しかも，彼の計算結果はボーアたちの解釈とも一致したのでした．シュレーディンガーはこの結果を非常に喜び，新しく彼の見出した電子の波動方程式 (5.4) が，量子論の正しい電子の波動方程式である可能性が高いことを確信しました．

こうして新しく発見した電子の波動方程式 (5.4) が実験結果と一致するとい

5.2 シュレーディンガー方程式を具体的に導く

波

図 5.1　古典論の波

う科学的な裏付けを得たシュレーディンガーは，式 (5.4) を導く一連の理論をまとめて学術誌に発表しました．

シュレーディンガーのこの発表は当時のヨーロッパで大きな反響をよび，この理論は急速に物理学の世界に広がりました．シュレーディンガーが新しく発表したこの式 (5.4) こそ，後にシュレーディンガー方程式とよばれるようになる有名な式です．この式 (5.4) は一次元のシュレーディンガー方程式とよばれるものです．三次元のシュレーディンガー方程式はコラム 5.2 に示しておきます．

シュレーディンガーが発見した波動方程式の真の姿が明らかにされたのは，ボルンによって提唱された波動関数に対する統計的解釈という意味付けが行われた後のことです．しかし，ここで，古典論の波と量子論の波の違いを考えて，二つの波が異なった波動方程式に従う妥当性について考えてみましょう．

古典論の波は，一般には長さ方向に無限に伸びた平面波ですので，三角関数で表すことができます．図に描くと，図 5.1 に示すようになります．一方，量子論の波も同じく三角関数で表されますが，これは複素数の確率波ですから，簡単に図には描けませんが，あえて漫画的に描くと，波束をつくる波動関数の波の場合には，図 5.2 に示すようになります．量子論の波として電子の波を考えることにして，ここでは，電子 1 個の場合を考えてみましょう．電子は空間に存在するときは，図 5.2 に実線で示すような，波束 (3 章のコラム 3.2 参照) の形をしているとしましょう．そして，空間に存在していた電子波がどこかの場所に到達してそこに留まったとしますと，電子の波は収縮して，粒子になっています．しかも，この波は複素数の確率の性質をもった奇妙な波ですから，この波がどこの場所で粒子になるかを前もって決めることはできません．

すなわち，波から粒子に変わった電子の位置がどこになるかは確率で決まります．実際に電子の波が粒子になった位置の周りのあらゆる点は，電子の粒子が占める確率が存在した位置です．つまり，最終的に電子が存在した周囲のあ

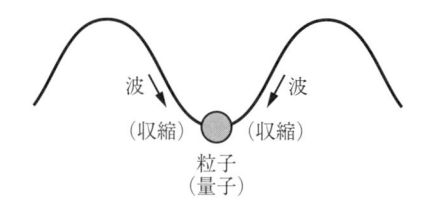

図 5.2 量子論の波．運動しているときは波，静止していると粒子（点）になる！

らゆる点は，電子が粒子の形で存在する可能性があった場所なのです．

このように，古典論の波と電子の波の間には，波の性質が根本的に異なっているのです．これは，単なる性質ではなくて，波の本質にかかわっていて，一方（古典論の波）は実在する波で，他方（量子力学の波）は確率振幅の波です．二つの波動関数を構成する波には，このような大きな差が存在するわけですから，これら二つの波の従う波動方程式が同じものでなくても，何の不思議もないとも考えられるのです．

コラム 5.2 ★　シュレーディンガー方程式の三次元表示（偏微分演算子で示したシュレーディンガー方程式）

外力の拘束のない（つまり，位置のエネルギーのない場合の）自由粒子の三次元のシュレーディンガー方程式は，位置（座標）が r で表され，次の式で表されます．

$$-\frac{\hbar^2}{2m}\nabla^2\Psi(r,t) = i\hbar\frac{\partial\Psi(r,t)}{\partial t} \tag{C5.5}$$

また，位置のエネルギーのある場合の，より一般的な三次元の波動方程式にはハミルトニアン H が使われ，次のようになります．

$$H\Psi(r,t) = i\hbar\frac{\partial\Psi(r,t)}{\partial t} \tag{C5.6}$$

または，ハミルトニアン H の内容を次のように具体的に書き

$$H = -\frac{\hbar^2}{2m}\left(\frac{\partial^2}{\partial x^2} + \frac{\partial^2}{\partial y^2} + \frac{\partial^2}{\partial z^2}\right) + V(r) \tag{C5.7}$$

かつ，次のナブラ記号

$$\nabla^2 = \frac{\partial^2}{\partial x^2} + \frac{\partial^2}{\partial y^2} + \frac{\partial^2}{\partial z^2}$$

を使うと，三次元のシュレーディンガー方程式は

$$\left\{ -\frac{\hbar^2}{2m}\nabla^2 + V(\boldsymbol{r}) \right\} \Psi(\boldsymbol{r},t) = i\hbar \frac{\partial \Psi(\boldsymbol{r},t)}{\partial t} \tag{C5.8}$$

と表されます．なお，この式 (C5.8) は時間 t を含むシュレーディンガー方程式とよばれています．

時間 t を含まない定常状態のシュレーディンガー方程式は，次のコラム 5.3 で説明しますが，前もって書いておきますと，次の式で表されます．

$$\left\{ -\frac{\hbar^2}{2m}\nabla^2 + V(\boldsymbol{r}) \right\} \psi(\boldsymbol{r}) = \varepsilon \psi(\boldsymbol{r}) \tag{C5.9}$$

一般的によく見かけるシュレーディンガー方程式

自由空間でなくて外力も働く空間で運動している電子の場合には，電子の運動に対して（相互作用の意味も含めて）位置のエネルギー $V(x,t)$ も働きますので，全エネルギーを演算子化したものにはハミルトニアン H が使われます．したがって，波動方程式 (5.4) のエネルギー演算子は，運動エネルギーのほかに位置のエネルギーを含むことになります．

わかりやすくするために，波動方程式 (5.4) の左辺を，微分記号を使った演算子と関数 $\Psi(x,t)$ に分離して次のように書きます．

$$-\frac{\hbar^2}{2m}\frac{d^2}{dx^2}\Psi(x,t) = i\hbar \frac{d}{dt}\Psi(x,t) \tag{5.5}$$

このとき，演算子を位置のエネルギーを含むハミルトニアン H に変更しますと，一般的なシュレーディンガー方程式が次の式で与えられます．

$$H\Psi(x,t) = i\hbar \frac{d\Psi(x,t)}{dt} \tag{5.6a}$$

または，ハミルトニアン H の内容を，微分記号を使って具体的に書くと次の式で表されます．

$$\left\{-\frac{\hbar^2}{2m}\frac{\mathrm{d}^2}{\mathrm{d}x^2}+V(x)\right\}\Psi(x,t)=i\hbar\frac{\mathrm{d}\Psi(x,t)}{\mathrm{d}t} \tag{5.6b}$$

この式は偏微分を用いると次のようになります．

$$\left\{-\frac{\hbar^2}{2m}\frac{\partial^2}{\partial x^2}+V(x)\right\}\Psi(x,t)=i\hbar\frac{\partial\Psi(x,t)}{\partial t} \tag{5.6c}$$

式 (5.6) は時間を含むシュレーディンガー方程式とよばれています．

時間に依存しないシュレーディンガー方程式

シュレーディンガー方程式には時間を含まない波動方程式もあります．時間に依存する波動関数 $\Psi(x,t)$ が，位置（座標）x のみの波動関数 $\psi(x)$ と，時間 t のみの関数 $f(t)$ に分離できる場合には，波動関数 $\Psi(x,t)$ は x のみの関数の波動関数 $\Psi(x)$ と時間のみの関数 $f(t)$ の積で表されます．そして，時間のみの関数 $f(t)$ を $f(t)=e^{-i\omega t}$ と仮定しますと，時間を含む波動関数 $\Psi(x,t)$ は次の式で書くことができます．

$$\Psi(x,t)=\psi(x)e^{-i\omega t} \tag{5.7}$$

この式を式 (5.6b) に代入してコラム 5.3 に示すように整理しますと，波動方程式として次の式が得られます．

$$\left\{-\frac{\hbar^2}{2m}\frac{\mathrm{d}^2}{\mathrm{d}x^2}+V(x)\right\}\psi(x)=\varepsilon\psi(x) \tag{5.8a}$$

式 (5.8a) は偏微分を使って書くと次のようになります．

$$\left\{-\frac{\hbar^2}{2m}\frac{\partial^2}{\partial x^2}+V(x)\right\}\psi(x)=\varepsilon\psi(x) \tag{5.8b}$$

式 (5.8) で表される波動方程式は時間 t の変化にかかわらず成立しますので，電子（粒子）などの定常状態を表しています．そして，この式 (5.8) は時間を含まないシュレーディンガー方程式とよばれています．

また，この式 (5.8a) は古典論の固有値方程式と同じ形をしています．といいますのは，古典論では，ある関数を $g(x)$ として，これに演算子，たとえばこれを A_1 として，$g(x)$ に演算子 A_1 を作用させたとき得られる結果の式が，元の関数 $g(x)$ の定数倍（たとえば C_1 を定数とすると C_1 倍）になる場合には，この関係は次の式

$$A_1 g(x) = C_1 g(x) \tag{5.9}$$

で表されますが，この関係式は固有値方程式とよばれています．

ここで得られた波動方程式 (5.8a) では，全エネルギーを演算化したハミルトニアン H を波動関数 $\psi(x)$ に作用させると，粒子のエネルギー ε が得られることを表しています．そして，このエネルギー ε は定数になりますので，固有値方程式になっていることがわかります．このために，量子力学においても定常状態の波動方程式はしばしば固有値方程式とみなされます．ここでの結論として，式 (5.6) と式 (5.8) がシュレーディンガー方程式とよばれるものです．

コラム 5.3　時間を含まないシュレーディンガー方程式の導出

式 (5.7) のように表される波動関数を，時間を含むシュレーディンガー方程式 (5.6b) に代入すると，左辺からは

$$\left\{ -\frac{\hbar^2}{2m}\frac{d^2}{dx^2} + V(x) \right\} \Psi(x,t) = \left\{ -\frac{\hbar^2}{2m}\frac{d^2}{dx^2} + V(x) \right\} \psi(x) e^{-i\omega t} \tag{C5.10a}$$

が得られます．また，同じく式 (5.6b) の右辺に式 (5.7) を代入すると次の式が得られます．

$$i\hbar \frac{d}{dt}\{\psi(x,t)\} = \hbar\omega \psi(x) e^{-i\omega t} \tag{C5.10b}$$

ここで，$\hbar\omega$ は，$\hbar = h/2\pi$，$\omega = 2\pi\nu$，および $\varepsilon = h\nu$ の関係より $\hbar\omega = \varepsilon$ となりますので，式 (C5.10a) と式 (C5.10b) の右辺を等しいとおくことにより，次の式が得られます．

$$\left\{ -\frac{\hbar^2}{2m}\frac{d^2}{dx^2} + V(x) \right\} \psi(x) = \varepsilon \psi(x) \tag{C5.10c}$$

5.3　シュレーディンガー方程式の本当の意味

シュレーディンガー方程式は古典論に似ていて理解しやすいと錯覚された？

量子力学の本格的な理論は既に触れたように最初にハイゼンベルクによって

1925年に発表されました．シュレーディンガーがシュレーディンガー方程式を使った量子力学（波動力学とよばれます）の理論を発表する1年前のことです．

しかし，量子力学といえばシュレーディンガー方程式を使った波動力学が有名です．多くの人が波動力学なら知っていますが，ハイゼンベルクの量子力学（行列力学）はよく知りませんし，あまり学ぼうともしません．なぜでしょうか？ ハイゼンベルクの発見した行列力学は，行列を使って量子力学の理論を数式展開したもので，理解しにくいものでした．とくに，発表当時はそうでした．

当時の多く人は，物理学者でも，この量子力学（行列力学）を理解するのに苦労しました．行列の扱いに慣れていない人はなおさらでした．このために，多くの人に量子力学（行列力学）は難しいものだと思われてしまいました．こうした状況の中で新しい量子力学の理論として，比較的なじみやすいシュレーディンガー方程式が発表されたものですから，人々はシュレーディンガー方程式に飛びついたのです．

多くの人がシュレーディンガー方程式を見て，これなら自分にも理解できそうだし，使えそうだと親しみを感じたのです．そのわけは，シュレーディンガー方程式が古典論の波動方程式に似た微分方程式だったからです．しかし，シュレーディンガー方程式に対する多くの人々のもった，この親近感はある意味では錯覚に基づくものでした．なぜならシュレーディンガー方程式は古典論の波動方程式とは本質的に別物だからです．

錯覚がシュレーディンガー方程式の本当の意味の理解を遅らせた？

人々はシュレーディンガー方程式を古典論と似たものと納得して理解したために，この方程式の本来の意味を追求することなく，多くの人がこの方程式を使って問題を解くことに走ってしまったのです．これまでシュレーディンガー方程式の真相が一般の人たちにきちんと理解されていない原因は，ここまで述べてきた量子力学の誕生以来の発展の経緯にあるように感じます．

しかし，ここで補足説明をしておきますと，その後の量子力学の理論的な研究によってハイゼンベルクの行列力学とシュレーディンガーの波動力学は，同一の物理理論を別の理論形式で表現されているだけであって，両者は同じものであることが証明されているのです．

この章の最後に，波動関数のボルンの提案した統計的な解釈については，科学者の間で激しい論争が起こった科学史について少し補足しておきたいと思い

図 5.3　アインシュタインは「神はサイコロを振らない！」と主張した

ます．最も激しい論争はボーアとアインシュタインの間で起こりました．ボーアは波動関数の確率解釈を支持する側で，アインシュタインはこれを批判する立場の側に立ちました．確率で決まるとは，端的にいいますと，物事がサイコロ（図 5.3 参照）を振って決まるようなものです．

アインシュタインはこのボーアとの論争で，有名な発言をしました．すなわち，「神はサイコロを振らない！」といったのです．アインシュタインはユダヤ人ですから，彼の頭の中には，常に旧約聖書があったことでしょう．旧約聖書では地球上に存在するあらゆるものは神がつくったことになっていますが，アインシュタインは地球上のものを神がつくるとき，神はサイコロなど振らなかった，と主張しているのです．

問　題

5.1 波動関数 $\Psi(x,t) = Ae^{i(px-\varepsilon t)/\hbar}$ を使って，運動量の二乗 p^2 の演算子を求めよ．

5.2 運動量の二乗 p^2 とエネルギーの関係 ε の次の関係 $p^2/2m = \varepsilon$ を使って，シュレーディンガー方程式を導け．

5.3 波の式に $f(x,t) = A\cos\{2\pi(x/\lambda - \nu t)\}$ を用い，$\lambda\nu = v$ として，古典論の波動方程式を導け．

5.4 波動関数 $\Psi(x,t)$ を x と t でそれぞれ 2 回偏微分した式をつくり，二つの式の関係を考察せよ．

6 シュレーディンガー方程式を使って問題を解く

　この章では量子力学の基本的で初歩的な例題とされる三つの課題をとりあげ，課題の物理的な意味を十分説明した後，シュレーディンガー方程式の解き方を述べることにします.

　三つの課題とは，箱に閉じ込められた電子，水素原子の中の電子，そして調和振動子です. 各課題は最初に課題の物理的な意味と計算結果の意味の説明をした後，これらの課題を具体的に解いて，シュレーディンガー方程式の解き方を説明すると共に，シュレーディンガー方程式の有用性について述べます.

6.1　箱に閉じ込められた電子の面白い現象

エネルギーのとびと電子のトンネル

　電子を狭い箱の中に閉じ込めると，二つの面白い現象が起こります. 一つは，図 6.1 に示すように，電子のエネルギーがとびとびになる現象であり，もう一つは，閉じ込められた電子が，図 6.2 に示すように，何も穴のない壁を通り抜ける現象です. 後者をトンネル現象とよびます. まず，とびとびのエネルギーについて説明し，トンネル現象についてはその後説明することにしましょう. 箱の内部のような狭い場所に閉じ込められた電子がとびとびのエネルギーをもつようになることは，少しでも量子力学のことを知っている人，つまり，量子力学の本を読んだり，少しでも勉強したことがある人なら，見聞きしたことがあると思われるかなり有名な話です.

　では，閉じ込められた電子のエネルギーはどのようにとびとびになるのでしょうか？　この節ではこのことを見てみましょう. 電子が閉じ込められたときに，電子のもつことのできるエネルギーは，この後 6.2 節で詳しく説明しますが，n

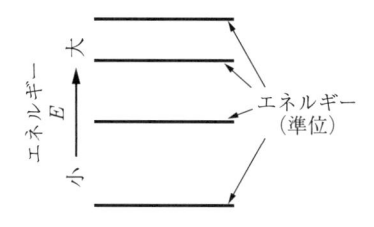

図 **6.1** 電子のエネルギー E のとびとび

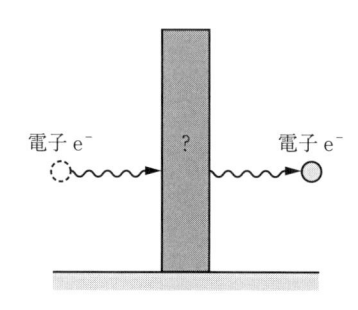

図 **6.2** 穴のない '壁' を通り抜ける不思議なトンネル現象

番目のとびとびの電子のエネルギーを記号 E_n, 閉じ込める箱の一辺の長さを a, 電子の質量を m としますと, 電子のエネルギー E_n は次のようになります.

$$E_n = \frac{h^2 n^2}{8ma^2} \tag{6.1}$$

同様に, $(n-1)$ 番目のエネルギーは, この式 (6.1) を使って次のようになります.

$$E_{n-1} = \frac{h^2(n-1)^2}{8ma^2} \tag{6.1'}$$

したがって, 電子のエネルギーのとびの値 ΔE_n は式 (6.1) と式 (6.1') の差になりますので, とびのエネルギー ΔE_n は次の式で表されることがわかります.

$$\Delta E_n = \frac{h^2(2n-1)}{8ma^2} \tag{6.2a}$$

いま, 電子のエネルギー差 ΔE_n の代表として 2 番目と 1 番目のエネルギー差を求めるために $n=2$ とおきますと, このときのとびのエネルギー ΔE_2 は, 次

のように与えられます．
$$\Delta E_2 = \frac{3h^2}{8ma^2} \tag{6.2b}$$
また，すでに1章で説明したように光のエネルギーもとびとびになり，プランクの提唱したとびとびのエネルギーの式 (1.3) を使うと，光のエネルギーのとびの値 ΔE_m は次の式で表されます．

$$\Delta E_m = h\nu \tag{6.3}$$

ここでは，今後まぎらわしくならないように，光のエネルギーのとびの値を，m 番目と $m-1$ 番目のエネルギー差 ΔE_m としました．

光のエネルギーのとびの値と電子のエネルギーのとびの値の比較

具体的な値を使って説明した方がわかりやすいので，まず，光の場合のエネルギーのとびの値を計算しておきましょう．ここでは黄色に近い可視光を考え，光の波長 λ を約 $\lambda = 5.9 \times 10^{-7}$ m (5900 Å) としましょう．すると，$\lambda\nu = c$ の関係より，光の振動数 ν は $\nu = 5.08 \times 10^{14}\,\mathrm{s}^{-1}$ となります．また，プランクの定数 h は $h = 6.626 \times 10^{-34}$ J·s ですので，これらの値を式 (6.3) に代入して計算すると，光のエネルギーのとびの値 ΔE_m の値は次のようになります．

$$\Delta E_m = 6.626 \times 10^{-34}\,[\mathrm{J\cdot s}] \times 5.08 \times 10^{14}\,[\mathrm{s}^{-1}] = 3.37 \times 10^{-19}\,[\mathrm{J}] \tag{6.4}$$

黄色の光のエネルギーのとびの値は，式 (6.4) からわかるように非常に小さい値ですが，ともかくエネルギーの値にはとびが存在します．たとえば，1 mg の物体を 1 m もち上げるに必要なエネルギーは約 1×10^{-5} J ですから，この値がいかに小さいかがわかります．次に，式 (6.2b) を使って，電子のエネルギーのとびの値を計算してみましょう．そのためには式 (6.2b) の電子の質量 m，閉じ込める箱の一辺の長さ a の値を決める必要があります．m は電子の質量で，$m = 9.11 \times 10^{-31}$ kg です．a の値は，閉じ込める箱の一辺の大きさですが，これを小さいものとして，原子の大きさとほぼ同じの $a = 1 \times 10^{-10}$ m とすることにしましょう．

すると，これらの値を式 (6.2b) に代入して計算しますと電子のエネルギーのとびの値 ΔE_2 は次のようになります．

$$\Delta E_2 = 3 \times (6.626 \times 10^{-34})^2 / \{8 \times (9.11 \times 10^{-31}) \times (1 \times 10^{-10})^2\}$$
$$= 1.8 \times 10^{-17}\ [\mathrm{J}] \tag{6.5}$$

表 6.1 閉じ込める箱の大きさとエネルギーのとびの値の関係

閉じ込める箱の一辺の長さ a	エネルギーのとびの値 ΔE_n
1×10^{-9} m（10 Å）	1.8×10^{-19} J
1×10^{-6} m（1 μm）	1.8×10^{-22} J
1×10^9 m	1.8×10^{-37} J

式 (6.5) の電子のエネルギーのとびの値を見ますと，式 (6.4) で表される黄色い光のエネルギーのとびの値より二桁くらい大きいことがわかります．

電子のエネルギーのとびの値が光のエネルギーのとびの値より大きくなりましたが，これは電子を狭い箱に閉じ込めたからでしょうか？　このことをもう少し詳しく調べるために，次に，電子を閉じ込める箱の大きさを変えて，エネルギーのとびの値がどのように変化するか調べてみましょう．そこで，閉じ込める箱の一辺の長さ a を 1×10^{-9} m（10 Å），1×10^{-6} m（1 μm），1 m と変えて計算してみました．すると，その結果は表 6.1 に示すようになります．

表 6.1 を見ますと，閉じ込める箱の一辺の長さが 1×10^{-9} m のときは，エネルギーのとびは 1.8×10^{-19} J となり，式 (6.4) の光のエネルギーと同じくらいになりました．そして，箱を大きくして一辺の長さを $a = 1\,\mu\mathrm{m}$ とすると，エネルギーのとびの値はさらに小さくなって 1.8×10^{-22} J になりました．箱をさらに大きくし，一辺の長さを 1 m としたときには，エネルギーのとびの値はきわめて小さく 1.8×10^{-37} J になってしまいました．

以上の結果をまとめますと，箱に閉じ込められた電子のエネルギーのとびは，電子の閉じ込められる箱の大きさによって変わることがわかります．そして，閉じ込める箱のサイズが小さいほど電子のエネルギーのとびの値は大きくなっています．また，箱のサイズが一辺の長さを 1 m と大きくしても，きわめて小さいながらも電子のエネルギーの値はとびとびになっていることがわかります．

ですから，電子が狭い場所に閉じ込められたから電子がとびとびのエネルギーの値をとるというのではなく，電子を狭い場所に閉じ込めると電子のエネルギーのとびが大きくなる，というのが正しい解釈だということになります．

すなわち，シュレーディンガー方程式を使っている限り（つまり，量子力学を使っている限り），電子のエネルギーは箱の大きさに関係なく，とびとびの値をとるということです．この理由は，最初に 2 章で説明しましたように，シュ

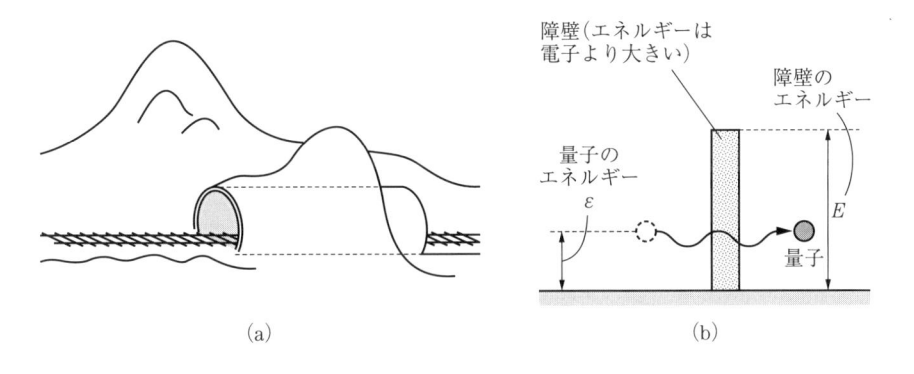

6.1 箱に閉じ込められた電子の面白い現象　65

図 6.3　(a) 電車のトンネルと (b) 量子のトンネル

レーディンガー方程式にはエネルギーがとびとびであるという概念が元々入っているからです．

なお，光のエネルギーのとびの値が式 (6.4) で表される値になったのは，光として黄色い可視光を仮定したからで，光（電磁波）の波長を変えればエネルギーのとびの値は大きくも小さくもなり得ます．

ものが穴のない壁をトンネルする場合を古典論的に考えてみると

次に，電子のトンネル現象について見てみましょう．電子のトンネル現象が起こるのは，電子が閉じ込められた狭い箱には限らないのですが，ともかく，ここで説明するトンネル現象は箱の壁を通り抜ける現象です．

しかし，私たちが経験する古典論のトンネルでは，'もの' がトンネルするには，図 6.3(a) に示すように，通り抜けられる穴がありますが，電子のトンネル現象では，不思議なことに，通り抜ける壁に穴は存在しません．まず，古典論のトンネル現象について，トンネルするもののエネルギーと壁のエネルギーの大きさに注目して，この現象を考えてみましょう．

電子のトンネルでは壁に穴はありませんので，古典論のトンネルを考える場合にも，最初壁に穴は存在していなかったと仮定しましょう．すると，ものがトンネルするには，そのものは自分で壁に穴を開けながら前へ進まなければなりません．こうした現象に似たものでは，銃弾の貫通現象が知られています．

銃弾が壁を通る場合には，壁の材質は柔らかくて弱いものものほど通りやす

いですね．このような壁のエネルギー（相互作用のエネルギーですが，位置のエネルギーとみなされる）は小さいと考えられます．また，壁の幅が狭いほど弾は容易に通りやすいです．ですから，壁のエネルギーが小さく，壁の幅が狭いほど，銃弾はその壁を通り抜けて通過しやすいことがわかります．

また，壁を通り抜ける弾のエネルギーが大きいほど，弾は壁を通りやすくなります．たとえば，壁が木製の板壁であるとしますと，銃弾ならば，板壁の厚さによってはその壁を通り抜けることが可能です．しかし，野球のボールやピンポン玉では板壁でも通り抜けることは不可能ですし，硬い材質の鋼球でも，人間が投げつけたのでは板壁でも球は壁を通り抜けられません．

まとめますと，古典論においては，壁のエネルギーが小さく，壁の幅が狭く，そして，貫通するもののエネルギーが大きいほど，ものは壁を通り抜けやすいことがわかります．実は，この事情は電子のトンネルの場合もまったく同じです．ですから，電子のトンネル現象も私たちが日常見聞きしている銃弾の貫通現象と似ています．とくに壁のエネルギーや幅，および通り抜けるもののエネルギーに関しては，次の 6.2 節で議論しますが，電子の場合も，ある意味では古典論の貫通の場合に似ています．

ただ，電子の場合にトンネルできる壁の厚さは原子の大きさの数十倍から数百倍，いくら幅が厚くても，せいぜい数千倍までの幅までに限られます．ですから，電子がトンネルできる壁の厚さは非常に薄いのです．そして，もう一つの違いは壁の厚さが非常に薄くなると，電子のエネルギーが壁のエネルギーよりも小さいときでも壁を通り抜けてトンネルできることです．こうなると，電子のトンネル現象は古典論では全く説明できません．

ここで，先回りして電子のトンネルについて，図 6.4 に示すトンネル現象の計算結果を見てみましょう．この図では，ε は電子のエネルギーを，V_0 は壁のエネルギーを表しています．この図を見ると，壁の厚さが 5×10^{-8} m と，壁の厚さが原子の大きさの約 500 倍のときでも，壁のエネルギーが小さくて，電子のエネルギーと同程度のときには，電子のトンネル確率（トンネルする割合）は 10% を超えています．つまり，壁に衝突してきた電子の 10% は壁を通り抜けているのです．

電子のトンネルは私たちの生活にも関係がある !?

電子のトンネル現象は日常生活では起こらないといいましたが，私たちが日

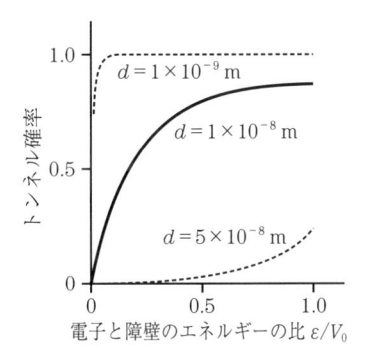

図 **6.4** トンネル確率の計算結果

常使う電子装置の中に含まれる電子部品には電子のトンネル現象も使われている場合があります．私たちは日常生活でパソコンや携帯電話，カメラなどを使いますが，これらの装置に使われている半導体デバイス（半導体の装置）には電子のトンネル現象が使われています．ですから，電子のトンネル現象も私たちの日常生活と関係ないわけではないのです．

　最後にもう一度強調しておきますが，日常経験する（古典論の）銃弾の貫通現象と電子のトンネル現象には似ている点もありますが，非常に大きな違いがあります．というのは，電子が壁をトンネルする場合には，電子が壁に穴を開けることはないからです．

　ですから，電子は，壁に穴がないにもかかわらずトンネル現象が起こるのです．この点が電子のトンネル現象の非常に不思議で特異な点です．もう一つ電子のトンネル現象で不思議なことは，電子のエネルギーが壁のエネルギーよりも小さくても，壁の厚さが十分薄ければ，電子は壁をトンネルすることができるということです．この二つの事柄は古典物理学では絶対に説明することはできません．

6.2　箱に閉じ込められた電子の波動関数ととびとびのエネルギー

井戸型ポテンシャルとは何か？

　これまで 6.1 節で，箱の中に閉じ込められた電子を考えてきましたが，実は

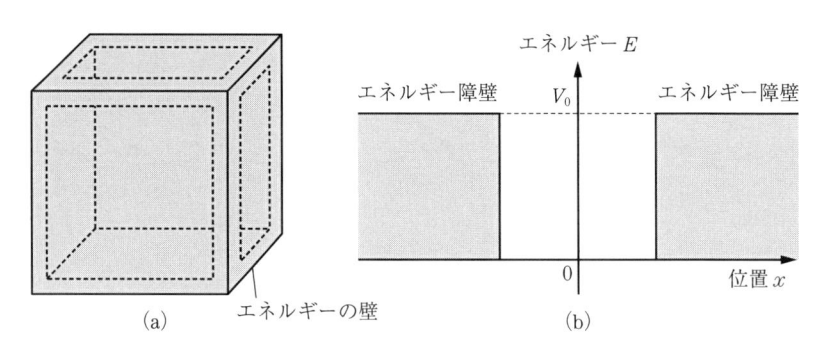

図 **6.5** エネルギー障壁に囲まれた井戸型ポテンシャル．(a) 四方を囲む三次元のエネルギー障壁，(b) 一次元の井戸型ポテンシャル．

この箱は，図 6.5(a) に示すように，エネルギーの壁をもっているのです．ですから，エネルギーの壁をもった箱を一次元で描くと，図 6.5(b) に示すようになります．この図では縦軸がエネルギー E で，横軸は位置（座標）x です．

図 6.5(b) では障壁のエネルギーを V_0 としています．これは位置のエネルギーです．そして，箱の中は位置のエネルギーが 0 としています．ですから，この箱はエネルギーの壁に囲まれた箱です．位置のエネルギーは英語ではポテンシャルエネルギーとよばれるので，この箱はポテンシャルエネルギーで囲まれた箱といえます．

次に，エネルギーの障壁をもつことは同じですが，障壁の上端のエネルギーを 0 とし，（箱の）障壁の中の底のエネルギーが $-V_0$ としますと，このエネルギー障壁をもつ箱は地下に穴を掘ってつくった井戸のように見えます．このことから，基本的には同じようなものですから，図 6.5 に示すような，障壁の上端のエネルギーが 0 でない場合の箱も井戸型ポテンシャルとよばれます．

井戸型ポテンシャルの中の電子の問題が，なぜシュレーディンガー方程式で解く重要テーマなのか？

実は，井戸型ポテンシャルの中の電子の問題は量子力学の基本的なテーマの一つなのです．このため井戸型ポテンシャルはシュレーディンガー方程式を使って解く題材としてよく用いられますが，これはなぜでしょうか？

実は，原子のエネルギー構造が井戸型ポテンシャルの形になっているのです．

6.2 箱に閉じ込められた電子の波動関数ととびとびのエネルギー　69

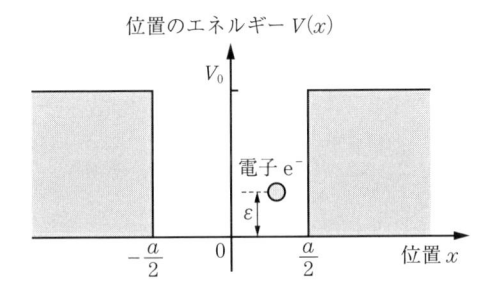

図 6.6　井戸型ポテンシャルに閉じ込められた電子 e^-．電子のエネルギー ε が障壁のポテンシャルエネルギー V_0 より小さい．

電子ばかりではありません．私たちの身のまわりにある‘もの’のエネルギー構造も井戸型ポテンシャルの形をしています．そして原子の中の電子はこの井戸型ポテンシャルの中で動き回っています．物質というものは，物質の中に含まれる電子の密度，分布および電子の動きで，ものの性質が決まりますが，物質の中の電子も井戸型ポテンシャルの中で運動しているのです．

以上の簡単な説明からも，井戸型ポテンシャルの中の電子が，原子の性質を決めたり，物質の性質を決める上で重要な働きをしていることがわかると思います．このために，井戸型ポテンシャルの中の電子のテーマは量子力学の基本的な例題の一つになっているのです．

問題を解く場合の井戸型ポテンシャルのモデル

ここでは井戸型ポテンシャルの問題をシュレーディンガー方程式を使って解く準備をするために，計算に使う井戸型ポテンシャルの形とエネルギーなどの条件を決めておきましょう．井戸型ポテンシャルとしては，図 6.6 に示す，一次元のモデル図を使うことにします．この図では縦軸は位置のエネルギーを表し，横軸はポテンシャル井戸の存在する範囲の位置 x（座標）を表しています．

簡単に図 6.6 の井戸型ポテンシャルを説明しておきますと，ポテンシャル井戸の底は x の値が $-a/2$ から $a/2$ までの範囲で，底のエネルギーの値は 0 です．また，x の値が $-a/2$ より小さいか，または $a/2$ より大きい井戸の外は，壁（障壁）になっています．そして，この障壁の位置のエネルギーは V_0 と仮定することにします．

以上のポテンシャル井戸の条件の設定により，x の値が $a/2$ の絶対値より大きい場所は障壁ですので，位置のエネルギーは V_0 になり，x が $a/2$ の絶対値より小さい場所は井戸の中ですから，ここの位置のエネルギーは 0 です．ですから，井戸型ポテンシャルの位置のエネルギーは式を使うと次のようになります．

$$V(x) = \begin{cases} 0 & (x < |a/2|) \\ V_0 & (x \geq |a/2|) \end{cases} \tag{6.6}$$

具体的に解くときに使うシュレーディンガー方程式

電子は，時間の変化によってその状態が変化しない一定の状態，つまり，定常状態にあるとします．ですから，電子の存在位置なども時間に依存しないで一定なので，波動関数も時間に依存しません．電子は図 6.6 に示すように井戸型ポテンシャルの中に存在するとします．このような場合には，5 章で説明したように，時間に依存しないシュレーディンガー方程式が使えますので，再掲しますと次の式になります．

$$\left\{-\frac{\hbar^2}{2m}\frac{d^2}{dx^2} + V(x)\right\}\psi(x) = \varepsilon\psi(x) \tag{5.8a}$$

しかし，この式 (5.8a) は一次元の式です．量子力学は本来三次元の物理現象を扱うもので，本来は三次元で扱わねばなりません．なぜなら一次元で扱うということは，残りの座標成分や運動量成分の値を 0 にすることになるからです．しかし，不確定性原理によって，これらの値を 0 にすることは許されません．一次元で取り扱うには，この後示すように，それなりの手続きを踏む必要があります．

本来使うべきシュレーディンガー方程式は x（座標）を一般座標の $\boldsymbol{r}$（座標）に変えた次の三次元の式です．

$$\left\{-\frac{\hbar^2}{2m}\nabla^2 + V(\boldsymbol{r})\right\}\psi(\boldsymbol{r}) = \varepsilon\psi(\boldsymbol{r}) \tag{6.7}$$

この式を解くには，この式を変数分離という手法を使って，x 成分，y 成分，z 成分の三個のシュレーディンガー方程式をつくる必要があります．コラム 6.1 に説明した変数分離の方法を使いますと，x 成分のシュレーディンガー方程式は

$$\left\{-\frac{\hbar^2}{2m}\frac{d^2}{dx^2} + V(x)\right\}\psi(x) = \varepsilon\psi(x) \tag{6.8a}$$

6.2 箱に閉じ込められた電子の波動関数ととびとびのエネルギー　71

となって，結局，式 (5.8a) と同じになります．回り道をしましたが，ここで井戸型ポテンシャルの問題を解くために使う方程式としては式 (6.8a) を考えることにします．実際には，式 (6.8a) を少し変形して次の式を使うことになります．

$$-\frac{\hbar^2}{2m}\frac{\mathrm{d}^2\psi(x)}{\mathrm{d}x^2} = \{\varepsilon - V(x)\}\psi(x) \tag{6.8b}$$

コラム 6.1 ★　変数分離を使って式 (6.8b) を導く

まず，三次元の波動関数 $\psi(\boldsymbol{r})$ を x, y, z 成分の波動関数 $\psi_1(x)$, $\psi_2(y)$, $\psi_3(z)$ を使って次のように表します．

$$\psi(\boldsymbol{r}) = \psi_1(x)\psi_2(y)\psi_3(z) \tag{C6.1}$$

次に，この式 (C6.1) を本文の式 (6.7) に代入して，両辺を $-(\hbar^2/2m)\psi_1(x)\psi_2(y)\psi_3(z)$ で割ります．すると，次の式が得られます．

$$\frac{\psi_1''(x)}{\psi_1(x)} + \frac{\psi_2''(y)}{\psi_2(y)} + \frac{\psi_3''(z)}{\psi_3(z)} = -\frac{2m}{\hbar^2}\{\varepsilon - V(\boldsymbol{r})\} \tag{C6.2}$$

ここで，$\psi_1''(x)$, $\psi_2''(y)$, $\psi_3''(z)$ は，それぞれ $\psi_1(x)$, $\psi_2(y)$, $\psi_3(z)$ の 2 階微分を表しています．

この式 (C6.2) の右辺はエネルギーで，一定の値なので定数です．ですから，左辺の三個の式の $\psi_1''(x)/\psi_1(x)$ と $\psi_2''(y)/\psi_2(y)$，および $\psi_3''(z)/\psi_3(z)$ は，それぞれが定数でないと，この式 (C6.2) は成り立たないことが数学的に証明されています．

したがって，x 成分の波動関数については，次の式が成立します．

$$\frac{\psi_1''(x)}{\psi_1(x)} = -\frac{2m}{\hbar^2}\{\varepsilon - V(x)\} \tag{C6.3}$$

ここでは，定数を，式 (C6.2) を参照して $-(2m/\hbar^2)\{\varepsilon - V(x)\}$ としました．式 (C6.3) は微分記号を使って，次のように書けます．

$$\frac{\mathrm{d}^2\psi_1(x)}{\mathrm{d}x^2} = -\frac{2m}{\hbar^2}\{\varepsilon - V(x)\}\psi_1(x) \tag{C6.4}$$

この式の両辺に $-(\hbar^2/2m)$ を掛けると次の式が得られます．

$$-\frac{\hbar^2}{2m}\frac{\mathrm{d}^2\psi_1(x)}{\mathrm{d}x^2} = \{\varepsilon - V(x)\}\psi_1(x) \tag{C6.5}$$

シュレーディンガー方程式の具体的な解法

シュレーディンガー方程式 (6.8b) の $V(x)$ の値が,図 6.6 に示すように,障壁の内側と外では(つまり x の値によって)変わりますので,x の絶対値の値が $|a/2|$ より小さい場合と x の値が $|a/2|$ より大きい場合の二つの場合に分けて計算するのが都合がよいので,そのようにしましょう.

(i) 井戸型ポテンシャルの内部 $(-a/2 < x < a/2)$

井戸型ポテンシャルの内部では図 6.6 に示すように,ポテンシャルエネルギー V_0 は 0 ですから,式 (6.8a) の $V(x)$ は 0 になりますので,式 (6.8a) は次の式に変わります.

$$-\frac{\hbar^2}{2m}\frac{\mathrm{d}^2\psi(x)}{\mathrm{d}x^2} = \varepsilon\psi(x) \tag{6.9}$$

ですから,この式 (6.9) が井戸型ポテンシャルの内部で解くべきシュレーディンガー方程式です.

ここでは,計算の都合上,式 (6.9) を変形して次の式にします.

$$\frac{\mathrm{d}^2\phi(x)}{\mathrm{d}x^2} = -\frac{2m\varepsilon}{\hbar^2}\psi(x) \tag{6.10}$$

この式 (6.10) では,m は電子の質量,ε は電子のエネルギーです.そして,$\hbar = h/2\pi$ です.

式 (6.10) の計算では,計算の都合と式を簡潔にするために,右辺の係数 $-2m\varepsilon/\hbar^2$ の絶対値を使って次のように新たな定数 k を導入します.

$$k = \sqrt{2m\varepsilon/\hbar^2} \tag{6.11}$$

式 (6.11) の k の値をシュレーディンガー方程式 (6.10) に代入すると,次の式が得られます.

$$\frac{\mathrm{d}^2\psi(x)}{\mathrm{d}x^2} = -k^2\psi(x) \tag{6.12}$$

この式 (6.12) は $\psi(x)$ に関する微分方程式になっていますが，この微分方程式の一般解は古くからよく知られていまして，A, B を任意の係数として，次の式で与えられます．

$$\psi(x) = Ae^{ikx} + Be^{-ikx} \tag{6.13}$$

係数 A, B の値は 7 章で説明する境界条件を使って決めることができますので，この後実際にこれらの値を決めることにしましょう．しかし，この処理を行うには境界の両側の波動関数が必要ですので，次に井戸型ポテンシャルの外の領域での波動関数をまず決めることにします．

(ii) 井戸型ポテンシャルの外側 ($x \leq -a$ および $a \leq x$)

井戸型ポテンシャルの外側の領域は図 6.6 に示すように障壁になっていて，そこではポテンシャルエネルギー $V(x)$ は，$V(x) = V_0$ ですので式 (6.8b) は次のようになります．

$$\frac{d^2\psi(x)}{dx^2} = \frac{2m}{\hbar^2}(V_0 - \varepsilon)\psi(x) \tag{6.14}$$

この場合にも，前の井戸型ポテンシャルの内部の場合と同じように，右辺の係数 $2m(V_0 - \varepsilon)/\hbar^2$ を，定数 α を使って次のようにおきます．

$$\alpha = \sqrt{2m(V_0 - \varepsilon)/\hbar^2} \tag{6.15}$$

すると，式 (6.15) の α を使って，式 (6.14) は次のように書けます．

$$\frac{d^2\psi(x)}{dx^2} = \alpha^2\psi(x) \tag{6.16}$$

式 (6.16) で示される微分方程式では，右辺の係数の α^2 の前に負符号がついていないので，式 (6.12) とは別の種類の微分方程式になっています．この微分方程式についても，次の一般解が知られています．

$$\psi(x) = Ce^{\alpha x} + De^{-\alpha x} \tag{6.17}$$

ここで，C, D はもちろん係数です．これで境界（井戸型ポテンシャルの障壁）の両側の波動関数の形が一応決まりましたので，次に，ここで導入した係数 A, B, C, D の関係を求めることにしましょう．

係数 A, B, C, D の関係を境界条件を使って決める

式 (6.17) の $\psi(x)$ は電子の波動関数ですので，その値が非常に大きい値になって無限大に発散することは許されません．しかし，α は正の値ですから，$e^{\alpha x}$ の値は x の値が非常に大きくなれば，無限大に発散してしまいます．また，x の値が負のときには $e^{-\alpha x}$ の値が無限大に発散する可能性があります．

以上の理由から，式 (6.17) の一般解において，x が正の場合では $e^{\alpha x}$ の項は除外されるべきですし，x が負の場合では $e^{-\alpha x}$ の項が除外されるべきです．したがって，x が正のときの波動関数は次の式になり，

$$\psi(x) = De^{-\alpha x} \tag{6.18a}$$

また x が負のときは，次の式になることがわかります．

$$\psi(x) = Ce^{\alpha x} \tag{6.18b}$$

境界条件としては，境界で関数が連続であることと共に，関数の導関数（一次微分）が連続であることが必要です．そこで，式 (6.13) および式 (6.18) の一次微分を求めておくと，次のようになります．

$$\frac{\mathrm{d}\psi(x)}{\mathrm{d}x} = iAke^{ikx} - iBke^{-ikx} \tag{6.19a}$$

$$\frac{\mathrm{d}\psi(x)}{\mathrm{d}x} = -D\alpha e^{-\alpha x} \quad (x > 0) \tag{6.19b}$$

$$\frac{\mathrm{d}\psi(x)}{\mathrm{d}x} = C\alpha e^{\alpha x} \quad (x < 0) \tag{6.19c}$$

準備が整ったので境界条件を使って，波動関数と波動関数の一次微分の連続の条件を考えましょう．井戸型ポテンシャルの障壁の境界は左右に二つありますので，場合分けして考えることにします．

(i) 図 6.6 の井戸型ポテンシャルのモデル図の左側の障壁の端 $(x = -a/2)$ において

波動関数の連続条件から：$Ae^{-iak/2} + Be^{iak/2} = Ce^{\alpha a/2}$ \hfill (6.20a)

波動関数の一次微分の連続条件から：$iAke^{-iak/2} - iBke^{iak/2}$
$$= C\alpha e^{a\alpha/2} \tag{6.20b}$$

(ii) 同じく，右側の障壁の端 $(x = a/2)$ において

6.2 箱に閉じ込められた電子の波動関数ととびとびのエネルギー

波動関数の連続条件から： $Ae^{iak/2} + Be^{-iak/2} = De^{-\alpha a/2}$ (6.20c)

波動関数の一次微分の連続条件から： $iAke^{iak/2} - ikBe^{-iak/2}$
$$= -D\alpha e^{-\alpha a/2} \quad (6.20\text{d})$$

式 (6.20a~d) を使って係数 A と係数 B の関係を求めると，コラム 6.2 に示すように，次の関係が得られます．

$$A^2 = B^2 \longrightarrow B = \pm A \quad (6.21)$$

したがって，A と B の関係には，B が A に等しい $B = A$ の場合と，B が A に負符号をつけたものに等しい $B = -A$ の二つの場合があることがわかります．

以上の結果，井戸型ポテンシャルの中の波動関数としては二種類が考えられ，$B = A$ の場合には，この関係を式 (6.13) に代入して，コラム 6.3 に示すオイラーの公式を使うと，波動関数 $\psi(x)$ として次の式が得られます．

$$\psi(x) = A(e^{ikx} + e^{-ikx}) = 2A\cos kx \quad (6.22\text{a})$$

また，$B = -A$ の場合には，同様に波動関数 $\psi(x)$ として次の式が得られます．

$$\psi(x) = A(e^{ikx} - e^{-ikx}) = 2iA\sin kx \quad (6.22\text{b})$$

ですから，波動関数 $\psi(x)$ の形は図 6.7(a) または 6.7(b) に示すようになります．では波動関数はポテンシャル井戸の中では，具体的にはどのような形になるのでしょうか？ これを決めるには式 (6.22a,b) の k の値を具体的に決める必要があります．

コラム 6.2 ★　係数 A と B の関係を求める具体的な計算

式 (6.20a) の左辺を式 (6.20b) の右辺に代入すると

$$ikAe^{-ika/2} - ikBe^{ika/2} = \alpha Ae^{-ika/2} + \alpha Be^{ika/2}$$
$$\longrightarrow A(ik - \alpha)e^{-ika/2} = B(ik + \alpha)e^{ika/2} \quad (\text{C6.6})$$

同様に式 (6.20c) の左辺を式 (6.20d) の右辺に代入すると

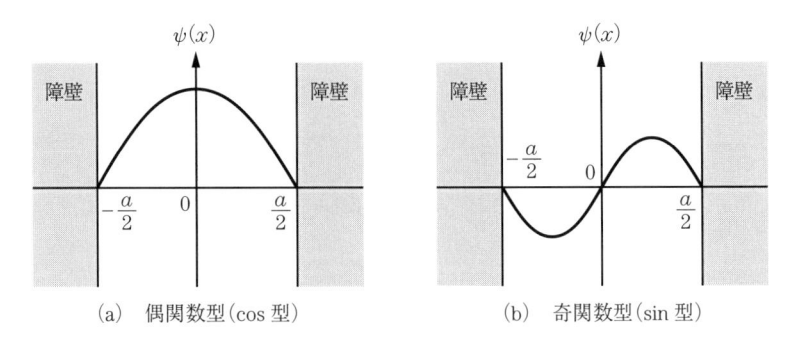

76   6 シュレーディンガー方程式を使って問題を解く

(a) 偶関数型（cos 型）   (b) 奇関数型（sin 型）

図 **6.7**　井戸型ポテンシャル中の波動関数 $\psi(x)$

$$ikAe^{-ika/2} - ikBe^{ika/2} = -\alpha Ae^{-ika/2} - \alpha Be^{ika/2}$$
$$\longrightarrow \quad A(ik+\alpha)e^{ika/2} = B(ik-\alpha)e^{-ika/2} \tag{C6.7}$$

式 (C6.6) と式 (C6.7) の辺々を掛けると，次の式が得られます．

$$A^2(k^2+\alpha^2) = B^2(k^2+\alpha^2)$$
$$\therefore A^2 = B^2 \longrightarrow B = \pm A \tag{C6.8}$$

コラム 6.3　オイラーの公式を使って，式 (6.22) を求めること

　オイラーの公式は，指数関数と三角関数の関係を表す式で，次のようになっています．

$$e^{i\theta} = \cos\theta + i\sin\theta \tag{C6.9}$$

また，この式 (C6.9) を使って $i \to -i$ とすると，次の式が得られます．

$$e^{-i\theta} = \cos\theta - i\sin\theta \tag{C6.10}$$

式 (C6.9) と式 (C6.10) を使って，$\theta = kx$ とおくと，式 (6.22a,b) の指数

関数の部分が次のように計算できます．

$$e^{ikx} + e^{-ikx} = 2\cos kx \qquad \text{(C6.11a)}$$

$$e^{ikx} - e^{-ikx} = 2i\sin kx \qquad \text{(C6.11b)}$$

α と k の比 α/k の値が鍵？

ポテンシャル障壁の中での波動関数 $\psi(x)$ の具体的な形を決めるために，次に α と k および障壁の高さ V_0 の関係を調べておきましょう．α は式 (6.15) からわかるように，障壁の高さ V_0 の値によって変わります．また，k は式 (6.11) からみて電子のエネルギー ε の値によって変わります．ですから，α と k の関係を調べれば，障壁の高さ V_0 と電子のエネルギー ε の関係を知ることができます．

そこで，まず，$A = B$ の場合から考えることにして，この関係 ($A = B$) を式 (6.20a) と式 (6.20b) に代入した後，二つの式の右辺は右辺同士で，左辺は左辺同士で割り算すると，次の式が得られます．

$$ik\frac{e^{-iak/2} - e^{iak/2}}{e^{-iak/2} + e^{iak/2}} = \alpha \qquad (6.23)$$

この式を変形すると次の式が得られます．

$$\alpha/k = i\frac{e^{-iak/2} - e^{iak/2}}{e^{-iak/2} + e^{iak/2}} = i\frac{-2i\sin(ka/2)}{2\cos(ka/2)} = \tan\frac{ka}{2} \qquad (6.24)$$

次に，$B = -A$ の場合にも，$B = -A$ の関係を代入して同様に計算すると，次の関係が得られます．

$$\alpha/k = i\frac{e^{-iak/2} + e^{iak/2}}{e^{-iak/2} - e^{iak/2}} = i\frac{2\cos(ka/2)}{-i2\sin(ka/2)} = -\cot\frac{ka}{2} \qquad (6.25)$$

障壁の高さ V_0 が無限大になると k の値がとびとびになる

α の元の式 (6.15) を見ると，もしも障壁の高さ V_0 が非常に大きくなって，無限大に近づくと α の値も無限大になります．このとき α/k の値は無限大になりますので，当然 $\tan(ka/2)$ や $\cot(ka/2)$ の値も無限大になります．

そこで，$\tan(ka/2)$ が無限大になるときの $ka/2$ の条件を考えると，このとき $ka/2$ の値は $\pi/2$ または $\pi/2$ の奇数倍の値をとるはずです．ですから次の式が成立しなければなりません．

$$\frac{ka}{2} = \frac{\pi}{2}(2m+1) \quad (m = 0, 1, 2, \cdots) \tag{6.26}$$

また，$\cot(ka/2)$ の値が無限大になるときは，$ka/2$ の値は π の整数倍になりますので，次の式が成立するはずです．

$$\frac{ka}{2} = m\pi \quad (m = 1, 2, 3, \cdots) \tag{6.27}$$

式 (6.26) と式 (6.27) の二つの場合をまとめて書くと，$ka/2 = n\pi/2$ となりますから，次の式が成り立ちます．

$$ka = n\pi \quad (n = 1, 2, 3, \cdots) \tag{6.28}$$

ただし，n が奇数のときは $A = B$ の場合ですから波動関数 $\psi(x)$ は $2A\cos kx$ となり，偶数のときには $B = -A$ となり波動関数は $2A\sin kx$ となります．

　障壁の高さが無限大のときは，井戸型ポテンシャルの中では障壁との境界で波動関数は消滅しますから，境界で波動関数 $\psi(x)$ の値は 0 になるはずです．この条件を使って考えることにしましょう．すると，$n = 1$ のとき，波動関数 $\psi(x)$ は $2A\cos kx$ となります．そして式 (6.28) より $ka/2$ は $\pi/2$ ですから，ポテンシャルエネルギー障壁の端（$x = \pm(a/2)$）では，波動関数 $\psi(x)$ は $2A\cos kx = 2A\cos(ka/2) = 2A\cos(\pi/2)$ となり，$\psi(x)$ は 0 になります．以上の結果，ポテンシャル障壁の中でコサイン関数は $-\pi/2$ から $\pi/2$ の範囲になり，波動関数 $\psi(x)$ の形は図 6.8(a) に示すようになります．また，$n = 2$ のときには波動関数は $2A\sin kx$ になるので，式 (6.28) より両端では $kx(= \pm(ka/2))$ は $\pm\pi$ になりますから，波動関数は $\pm 2A\sin\pi$ となって 0 になります．したがって，波動関数 $\psi(x)$ の形は $-\pi$ から π までの範囲になり，図 6.8(b) のようになります．また，$n = 3$ のときには，また波動関数 $\psi(x)$ がコサイン関数になり，範囲は $-(3/2)\pi$ から $(3/2)\pi$ になります．

　ここで注目してほしいのですが，当然のこととしてポテンシャル障壁の端では波動関数の値は 0 になりますので，障壁の高さが無限大のときには電子の波動関数 $\psi(x)$ はポテンシャル障壁の内部に完全に閉じ込められることになります．

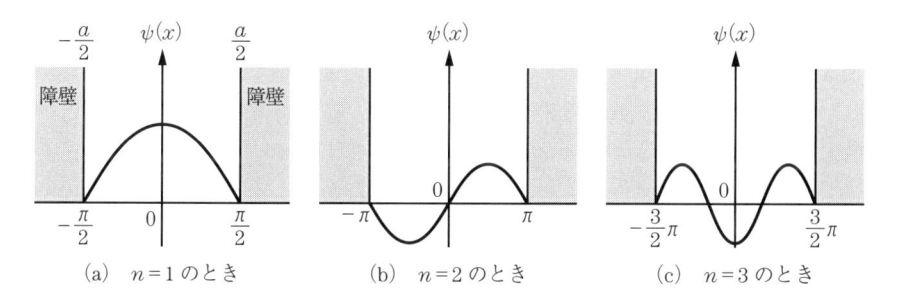

6.2 箱に閉じ込められた電子の波動関数ととびとびのエネルギー

(a) $n=1$ のとき
(b) $n=2$ のとき
(c) $n=3$ のとき

図 6.8 エネルギー障壁の高さが無限大のときの波動関数 $\psi(x)$. 障壁の中に波動関数が入り込まない.

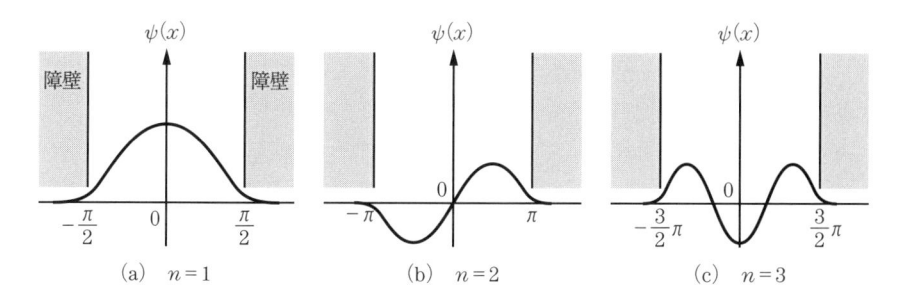

(a) $n=1$
(b) $n=2$
(c) $n=3$

図 6.9 エネルギー障壁の高さが有限のときの波動関数 $\psi(x)$. 波動関数が障壁の中までしみ込む.

障壁の高さ V_0 が無限大でないと波動関数は障壁の中にしみ込むことができる！

次に,障壁の高さ V_0 が無限大でない場合を考えましょう.すると,式 (6.24) と式 (6.25) から明らかなように,$\tan(ka/2)$ や $\cot(ka/2)$ の値は無限大にはなりません.ということは $\sin(ka/2)$ や $\cos(ka/2)$ は 0 にはならないということです.すると,波動関数 $\psi(x)$ は $\sin kx$ や $\cos kx$ の三角関数で表されますので,波動関数 $\psi(x)$ の値が障壁との境界でも 0 にならないで,有限の値をもつことになります.

このときの波動関数 $\psi(x)$ の形は,$n=1$ のとき,および $n=2$ のときに,図 6.8 の (a),(b) に対応して図 6.9(a),および図 6.9(b) に示すようになります.図 6.9 を見ますと,このとき波動関数は障壁の中に入り込んでいます.ですから,電子の波動関数 $\psi(x)$ は障壁の中にある程度入り込んで初めて消滅するこ

とを意味しています．

障壁のエネルギーは電子のエネルギーよりも大きいので，古典力学ではこのようなことは原理的に起こり得ません．しかし，量子力学ではこのような奇妙なことが起こるのです．この現象は，次に説明します電子のトンネル現象とも関係していて，障壁の幅が非常に薄ければ電子は障壁の中を通り越して井戸型ポテンシャルから外に出ることができることを表しています．

電子のエネルギーがとびとびになる

次に，井戸型ポテンシャルの中における電子のエネルギー ε について考えましょう．電子のエネルギー ε は，すでに述べたように，演算の都合上導入した式 (6.11) で表される k の式の中に含まれています．したがって，式 (6.11) を使って，エネルギー ε が求めることができるはずなので，式 (6.11) を変形して ε を表す式を考えます．

すると，電子のエネルギー ε は式 (6.11) を使って次の式で表されることがわかります．

$$\varepsilon = \frac{k^2\hbar^2}{2m} = \frac{k^2 h^2}{8\pi^2 m} \tag{6.29}$$

この式 (6.29) に式 (6.28) の k を代入すると，エネルギー ε は次の式で表されます．

$$\varepsilon = \frac{\hbar^2 \pi^2}{2ma^2} n^2 \quad (n = 1, 2, 3, \cdots) \tag{6.30a}$$

$\hbar$ の代わりに h を使うと次のようになります．

$$\varepsilon = \frac{h^2}{8ma^2} n^2 \quad (n = 1, 2, 3, \cdots) \tag{6.30b}$$

エネルギー ε はとびとびの数 n の関数になっていますので，とびとびの値をとることがわかります．このような電子のとびとびのエネルギーはエネルギー準位とよばれます．

以上の結果，井戸型ポテンシャルの中に閉じ込められた電子のエネルギーは，図 6.1 や図 6.10(a) に示すような，エネルギー準位をもつことがわかります．物質の（結晶）構造が対称でないときにはエネルギー準位の分裂が起こりますので，その場合のエネルギー準位も図 6.10(b) に示しておきました．なお，式 (6.28)

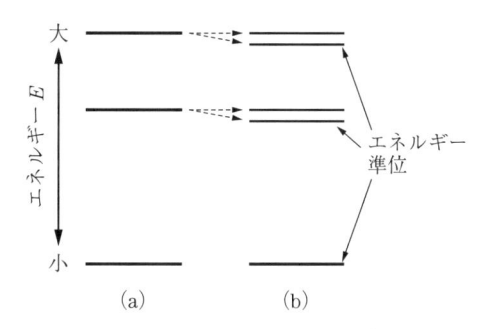

図 **6.10** エネルギー準位図．(a) 物質構造が対称のとき，(b) 物質構造の対称性が破れたとき．

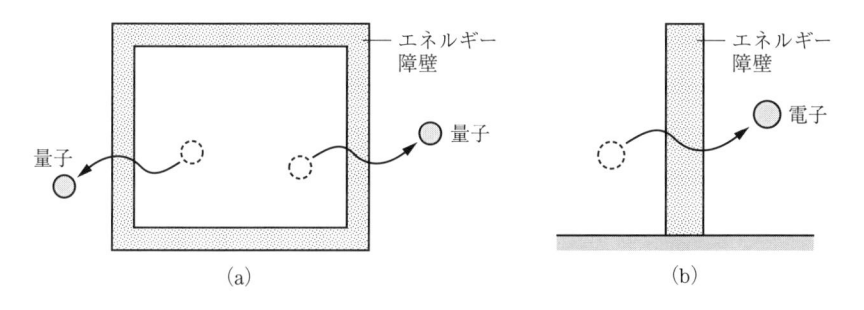

図 **6.11** 量子（粒子）のトンネル現象．(a) 周囲を囲むエネルギー障壁をトンネルする量子（例：原子核の中からの α 線の放出）．(b) 一つのエネルギー障壁をトンネルする電子（例：トンネルダイオード）．

および式 (6.30) に使われているとびとびの数 n は量子数とよばれます．量子数については 8 章でもう少し詳しく説明します．

6.3　電子のトンネル現象

α 崩壊はトンネル現象によって起こっている

　自然界で起こる有名なトンネル現象に，放射性元素で生じる α 崩壊があります．α 崩壊というのは α 線（正体は，陽子 2 個と中性子 2 個から成る He 原子の原子核）を原子が放出する現象です．この α 線の放出のメカニズムは，α 粒子が原子（の原子核）からのトンネル現象により原子の外へ飛び出すトンネ

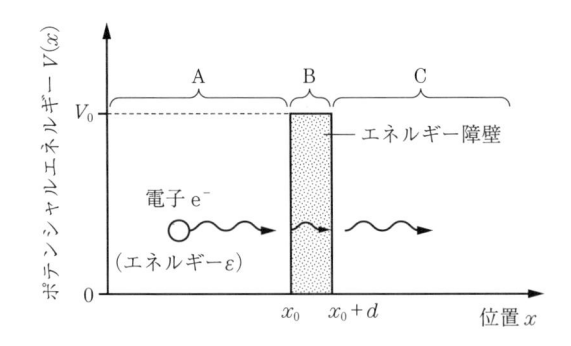

図 **6.12** エネルギー障壁をトンネルする電子のポンチ絵（計算に使うモデル図）.

現象です．

　これはポテンシャル井戸の中に閉じこめられている粒子が図 6.11(a) に示すように周囲のエネルギー障壁をトンネルして外に抜け出るような現象です．トンネル現象には図 6.11(b) に示すように，一つのエネルギー障壁をトンネルする現象ももちろんあります．

　ここでは，図 6.12 に示すような，一つだけのエネルギー障壁 B を想定し，障壁の左側の領域 A から，右側の領域 C へ粒子が障壁 B を通過してトンネルする現象を考えることにしましょう．このエネルギー障壁の幅は d とし，障壁のポテンシャルエネルギーは V_0 とすることにします．また，x 座標の原点はエネルギー障壁の左端にとることにします（$x_0 = 0$）．

　ここでもわかりやすくするために，一次元の波動方程式を解くことにします．すると，使用するシュレーディンガー方程式は，前節で使った式 (6.8a) と同じですが，基本となる式ですので，再度，次のように書いておきます．

$$\left\{-\frac{\hbar^2}{2m}\frac{d^2}{dx^2}+V(x)\right\}\psi(x)=\varepsilon\psi(x) \tag{6.31}$$

この波動方程式という微分方程式 (6.31) を解くのですが，まず，この微分方程式を解く方針を述べておきます．この式 (6.31) でトンネル現象の問題を解くためには，まず，図 6.12 に示しました各領域 A, B, C でそれぞれの波動関数 $\psi(x)$ の形を決める必要があります．

　そして，3 個の領域には二つの境界がありますので，それぞれの境界におい

て波動関数 $\psi(x)$ とその一次微分を使って,境界の両側の波動関数が連続になめらかにつながるように処置します.最後に,領域 C における波動関数 $\psi(x)$ の振幅と領域 A の波動関数 $\psi(x)$ の振幅の比を計算し,この比の二乗の値を求め,これをトンネル確率とします.そして,トンネル確率の値の大小から電子がエネルギー障壁をトンネルできるかどうかとか,どの程度電子がトンネルできるかを判断します.

トンネル前,エネルギー障壁の中,およびトンネル後の波動関数を決める

上記に説明したように,A,B,C の 3 個の領域でつながる波動関数を求めるためには,次のように三つの場合に分けて計算するのが好都合です.

(i) 電子がトンネルする前の領域(領域 A,$x < 0$)

まず,領域 A にはエネルギー障壁は存在しませんので,ポテンシャル・エネルギーは 0 になります.したがって,式 (6.31) の $V(x)$ を $V(x) = 0$ とおいて,この領域で解くべきシュレーディンガー方程式は次のようになります.

$$-\frac{\hbar^2}{2m}\frac{\mathrm{d}^2\psi(x)}{\mathrm{d}x^2} = \varepsilon\psi(x) \tag{6.32}$$

この微分方程式の一般解は,式 (6.11) の関係を使うとして前節の式 (6.13) に示したように,次のようになります.

$$\psi(x) = Ae^{ikx} + Be^{-ikx} \tag{6.33}$$

式 (6.33) で表される解の波動関数 $\psi(x)$ は次のように解釈できます.すなわち,式 (6.33) の右辺の第 1 項は障壁に向かって進む電子の波,第 2 項は障壁に衝突してはね返ってきた電子の波とみなせます.

(ii) 電子がエネルギー障壁の中にいる領域(領域 B,$0 \leq x \leq d$)

この領域 B ではポテンシャルエネルギーは V_0 になりますので,式 (6.31) で $V(x) = V_0$ とおいて,シュレーディンガー方程式は次のようになります.

$$\frac{\hbar^2}{2m}\frac{\mathrm{d}^2\psi(x)}{\mathrm{d}x^2} = (V_0 - \varepsilon)\psi(x) \tag{6.34}$$

この式 (6.34) は前節の式 (6.14) と同じになり,前節と同じく式 (6.15) の α を使うと,一般解も同じで,次の式で表されます.

$$\psi(x) = Ce^{\alpha x} + De^{-\alpha x} \tag{6.35}$$

前の式と同じく，この波動関数 $\psi(x)$ の式 (6.35) の右辺の第一項は右へ前進する電子の波，第二項は障壁の中の右側の境界で反射されて逆方向に進んでいる電子の波を表すとみなせます．

(iii) 電子がトンネルして障壁を通過した後の領域（領域 C, $d < x$）

この領域 C でもポテンシャル障壁は存在しませんので，シュレーディンガー方程式は式 (6.32) と同じです．一般解も同じですが，この領域 C では右方向へ前進する電子の波だけですので，この電子の波の振幅を F とすると，次のようになります．

$$\psi(x) = Fe^{ikx} \tag{6.36}$$

電子の波の振幅を F としたのは，このとき電子は障壁をトンネルして通過しているので，障壁へ入射したときの電子の波（振幅 A）よりは減衰して振幅が変わっていると考えられるからです．

境界条件によって決められる係数 A, B, C, D, F の間の関係式

次に，境界条件を考えて，係数 A, B, C, D, F の間の関係を求めましょう．ここでは波動関数の一次微分も考えますので，A，B，C の各領域の波動関数 $\psi(x)$ を 1 回微分しておきますと次のようになります．

$$\text{領域 A の波動関数の一次微分：} \frac{\mathrm{d}\psi(x)}{\mathrm{d}x} = ikAe^{ikx} - ikBe^{-ikx} \tag{6.37a}$$

$$\text{領域 B の波動関数の一次微分：} \frac{\mathrm{d}\psi(x)}{\mathrm{d}x} = \alpha Ce^{\alpha x} - \alpha De^{-\alpha x} \tag{6.37b}$$

$$\text{領域 C の波動関数の一次微分：} \frac{\mathrm{d}\psi(x)}{\mathrm{d}x} = ikFe^{ikx} \tag{6.37c}$$

これらの式 (6.37) を使うと，エネルギー障壁の左右の境界において波動関数と波動関数の一次微分の連続の条件は次のようになります．

(i) 障壁の左端 $x = 0$ の境界において

波動関数 $\psi(x)$ の連続性から，式 (6.33) と式 (6.35) を使い，$x = 0$ とおいて，

$$A + B = C + D \tag{6.38a}$$

波動関数の一次微分 $\mathrm{d}\psi(x)$ の連続性から，式 (6.37a) と式 (6.37b) を使って同様に，

$$ik(A - B) = \alpha(C - D) \tag{6.38b}$$

(ii) 障壁の右端 $x = d$ の境界において

波動関数 $\psi(x)$ の連続性から，式 (6.35) と式 (6.36) を使い，$x = d$ とおいて，

$$Ce^{\alpha d} + De^{-\alpha d} = Fe^{ikd} \tag{6.38c}$$

波動関数の一次微分 $\mathrm{d}\psi(x)$ の連続性から，式 (6.37b) と式 (6.37c) を使って同様に，

$$\alpha(Ce^{\alpha d} - De^{-\alpha d}) = Fe^{ikd} \tag{6.38d}$$

以上で係数間の関係がわかりましたので，次にこれらの式 (6.38a～d) を使ってトンネルする前と後の波動関数の振幅の比 F/A を求め，これの絶対値の二乗 $|F/A|^2$ を計算します．

電子（エネルギー ε）のトンネルは障壁の幅 d と高さ V_0，そして ε/V_0 に依存する

F/A の値を求める具体的な計算は，演算の詳細については内容が煩雑ですのでここには示しませんが，式 (6.38) の係数 A，B，C，D，F の間の関係を使って，障壁に入射する電子の波の振幅 A と障壁をトンネルした電子の波の振幅 F を求めて，これらを使えば F/A の値は次の式で表されます．

$$\frac{F}{A} = \frac{4ik\alpha e^{-ikd}}{(k+i\alpha)^2 e^{\alpha d} + (k-i\alpha)^2 e^{-\alpha d}} \tag{6.39}$$

また，F/A の絶対値の二乗 $|F/A|^2$ を求めるには，F/A の式 (6.39) において，まず指数関数 e^{-ikd} や $e^{\alpha d}$ などをコラム 6.3 に示した関係を使って，F/A を三角関数を用いて表します．その後全体の式を実数部分と虚数部分に分けて，それぞれの二乗を計算して加え $|F/A|^2$ を求めます．ここでは煩雑になるので結果のみ示しますが，こうした処理を行いますと，$|F/A|^2$ の値は次の式のようになります．

$$\left|\frac{F}{A}\right|^2 = \left[1 + \frac{(k^2+\alpha^2)^2 \sinh^2 \alpha d}{4k^2\alpha^2}\right]^{-1} = \left[1 + \frac{V_0^2 \sinh^2 \alpha d}{4\varepsilon(V_0-\varepsilon)}\right]^{-1} \tag{6.40}$$

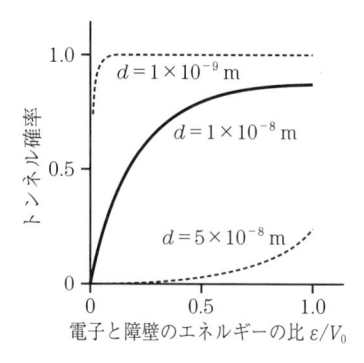

86   6 シュレーディンガー方程式を使って問題を解く

図 **6.13**　トンネル確率の計算結果.

　式 (6.40) で表される $|F/A|^2$ の値は，式を見ただけでは，その値が大きいのか小さいのか皆目見当がつきません．そこで，式 (6.40) を使った数値計算の結果を図 6.13 に示しました．図 6.13 において，$|F/A|^2$，つまり，トンネル確率は縦軸に示しました．また，この図の横軸には障壁のエネルギー V_0 に対する電子のエネルギー ε の比 ε/V_0 の値を示しました．

　トンネル確率はエネルギー障壁を電子がトンネルできる割合を示しているので，これ以降は縦軸のトンネル確率の値を，電子のトンネルする割合とよぶことにしましょう．すると，電子のエネルギー ε が障壁のエネルギーよりも小さいとき（$\varepsilon < V_0$，すなわち $\varepsilon/V_0 < 1$）でも，エネルギー障壁の幅 d が狭いときには，エネルギー障壁を電子がトンネルする割合が，図 6.13 に示すように，結構大きな値になって，電子は容易にエネルギー障壁をトンネルして通過することができることがわかります．

　たとえば，エネルギー障壁の幅 d が 1 nm（1×10^{-9} m）ときわめて薄いときには，電子のエネルギーが障壁のエネルギーよりも相当小さく，ε/V_0 の値がきわめて小さいときでも，トンネルできる割合は 1 に近く，電子はエネルギー障壁をトンネルして，ほとんどの電子が障壁を通過することができることがわかります．

　障壁の幅が 10 倍に増大して 10 nm（1×10^{-8} m）になると，電子は少しトンネルしづらくなりますが，それでも ε/V_0 の値が大きくなりますと電子のトンネル割合は増大します．障壁の幅が 50 倍の 50 nm（5×10^{-8} m）になると，

さすがに電子はエネルギー障壁をトンネルしづらくなりますが，それでも ε/V_0 の値が 1 に近づくと電子はかなりトンネルできることがわかります．

　以上の議論をまとめますと，電子のエネルギー障壁をトンネルする現象では，障壁の幅が狭いことが非常に重要な要素であることがわかります．障壁の幅 d が非常に薄ければ，電子のエネルギーが障壁のエネルギーの値より相当小さくてもトンネル現象は起こっているのです．

　このトンネル現象は私たちが実際に使う技術にも応用して使われていますが，このことが可能になったのは，非常に薄い（エネルギー）障壁をつくる技術が発達したからです．代表的な技術としては，前に触れた半導体分野のトンネルダイオードがあります．

　また，最近は（といっても発明されて数十年が経ちますが）物質の表面を原子スケールで観察できるトンネル顕微鏡があります．この表面を観察するトンネル顕微鏡は電子が，真空中（絶縁物）をトンネルする現象が使われています．トンネル顕微鏡では観察できる分解能が 0.1 nm $(1 \times 10^{-10}$ m$)$ にもなりますので，最近ではトンネル顕微鏡を使えば，1 個 1 個の原子も観察できるようになっています．

6.4　水素原子と量子論および量子力学の関係

水素原子は量子論および量子力学の誕生に大きな貢献をした

　水素原子は，すでに 2 章で指摘しましたように，ボーアが推進した前期量子論を発展させた量子論の基本的な研究テーマでした．それだけでなく，前期量子論の不完全さに不満を抱いたシュレーディンガーが，自分の発見した新しい波動方程式を適用して，この波動方程式が量子論の波動方程式として正しいものであることを確信したのも水素原子だったのです．

　すなわち，シュレーディンガーが新しく発見した波動方程式（シュレーディンガー方程式）の正しさに自信がもてなかったときに，この波動方程式を水素原子（モデル）に適用して電子のエネルギーなどの計算を試みたのでした．

　そして，計算結果がボーアたちの量子論に基づいて求めた結果と同じになると共に，水素原子スペクトルがきちんと説明できることを確かめて，新しく発見した彼の波動方程式が電子の波動方程式として正しいものであることを確信したのです．ですから，水素原子は量子力学の一つである，波動力学の誕生に

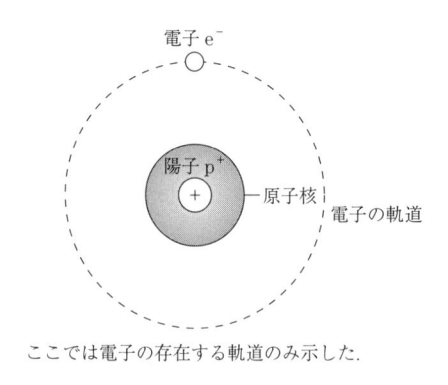

図中ラベル: 電子 e⁻　陽子 p⁺　原子核　電子の軌道

ここでは電子の存在する軌道のみ示した.

図 6.14　水素原子の古典モデル

大きな寄与をしたといえると思います.
　では，なぜ水素原子は量子論の発展や量子力学の誕生に大きな寄与ができたのでしょうか？　それは，水素原子は，原子核の陽子と電子の二つの粒子からできており，数ある原子の中でも最も単純な構造をしているからです.

もしも水素原子を使わなかったらボーアもシュレーディンガーも成功しなかった？
　水素原子より原子番号が大きくて多数の電子を含む原子では，前期量子論の適用が難しかったという歴史的な経緯がありました．その意味でボーアたちが水素原子に前期量子論の適用を始めたのは正解であったとともに，幸運であったといえると思います.
　シュレーディンガー方程式も，水素原子以外の原子番号の大きい原子に適用するとなると，原子の構造が複雑なために問題を解くのが困難になっていたことでしょう．

6.5　水素原子の古典モデルの問題点と量子論的モデルの誕生

回転している電子は失速して原子核に吸収されてしまう！
　水素原子は，図 6.14 に示すように，中心の原子核の中にプラスの電荷をもつ陽子が 1 個あり，原子核の周りに 1 個のマイナス電荷の電子を含んでいます．このために，古典的な水素原子モデルでは，プラス電荷の陽子の周りをマイナ

ス電荷の電子が周期（回転）運動しているというモデルが考えられました．古典力学で学んだことがあると思いますが，回転運動する物体は速度のほかに加速度をもって運動しています．ですから，陽子の周囲を回転運動する電子の運動は単純な等速運動に見えますが，正確には加速度を伴う回転運動になっています．

　一方，電磁気学によりますと，電荷をもつ粒子（荷電粒子）が加速度運動すると光が発生します．ですから，水素原子から光が発生する事実自体は，古典的なモデルを使っても一応説明することはできます．しかし，電子の加速度を使って水素原子の光の発生を説明することは正しくありません（ボーアの説明のように電子の遷移を使うべきです）．

　古典論に基づいて電子が回転運動しているという水素原子モデルでは大きな問題が生じてしまいました．といいますのは，電子の回転運動には今説明したように加速度が伴いますので，電子は陽子の周りを回転運動しながら光を放出します．光を発生させるにはエネルギーが必要ですから，電子は回転しながら少しずつエネルギーを失うことになります．

　回転運動している電子がエネルギーを少しずつ減少させますと，運動エネルギーは $(1/2)mv^2$ ですから，電子の回転速度 v が徐々に小さくなります．そして，回転運動する電子の速度 v は回転の角速度 ω と回転半径 r の積 $r\omega$ で表せますので，電子の速度が遅くなるということは，角速度 ω または半径 r のいずれか，または両方が小さくなることを意味します．

　するといずれにしても回転の速度が小さくなるので，電子は回転半径 r を減少させながら原子核の周りを回転します．そして，電子は次第に原子核に近づき，電子は中心の原子核にある陽子のクーロン引力に次第に強く引きつけられ，最終的には原子核に吸収されてしまうことになります．この現象は短時間に起こると予想されます．

　このように電子が原子核に吸収されるとしますと，電子は原子核の周りを回転運動しなくなるのですから，電子が回転運動しているというモデルに従うと，あるとき以降水素原子は光を発することはなくなることになります．しかし，実際の水素原子は光を放出しなくなったりはしません．また，電子が水素原子内の軌道（原子核の外側）から消えたりすることもありません（当時は電子の軌道がそれぞれ別のエネルギーをもつと考えられましたが，現在の正しい解釈では，電子の軌道のエネルギーは電子のエネルギー準位ということになります）．

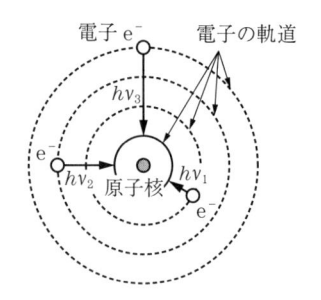

図 **6.15** 軌道間の電子の遷移による光の放出．光のエネルギーは $h\nu$ であり，ここで $\nu_1 < \nu_2 < \nu_3$．

古典モデルの難点を逃れるためにボーアによって提案された電子の定常状態

以上に述べたように，古典論に基づく回転運動では水素原子の中の電子の運動は説明できないので，2章で述べたことですが，ボーアは水素の電子の回転運動には定常状態が存在すると強引に決めました！　さらに，水素原子が光を放出するときには，電子は回転している定常状態の軌道から，より半径の小さい（つまり，よりエネルギーの小さい）軌道に移ると仮定しました．

ボーアの提案したモデルでは，図 6.15 に示すように，水素原子の軌道は数本あり，各軌道のエネルギーは異なっていて，原子核に近い軌道ほどエネルギーが小さく，原子核から離れた軌道のエネルギーは大きいとしました．そして，二つの軌道間を電子が移動したとき，水素原子は光を放出すると考えました．

すなわち，二つの軌道間を電子が移動（遷移）したときに，二つの軌道のエネルギーの差が水素原子から放出される光のエネルギー $E(=h\nu)$ になるとし，このとき放出される光の振動数 ν は，プランクの定数 h を使って，式 $\nu = E/h$ で与えられると提案したのでした．そして，このボーアの量子仮説によって水素原子のスペクトルは見事に説明されました．

物理現象としてこの現象を説明しますと，たとえば，水素ガスを燃やすと水素原子のエネルギーが高くなります．温度が上昇すると電子は周囲からエネルギーをもらって，エネルギーのより高い軌道に移ります．しかし，たとえば何かの原因で水素ガスの温度が下がりますと電子は逆にエネルギーのより低い軌道に遷移しますが，このとき光が放出されるのです．

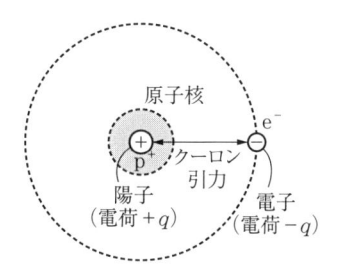

図 6.16　水素原子のモデル図

6.6　水素原子へのシュレーディンガー方程式の適用

6.6.1　水素原子モデルと適用方法，および結果の概要
電子と陽子の間のクーロン力によって電子は位置のエネルギーをもつ！

　水素原子へのシュレーディンガー方程式の具体的な適用では，水素原子には原子核にプラス電荷 q の陽子（p^+）があり，原子核の外に 1 個のマイナス電荷 $-q$ の電子（e^-）が存在することと，両者の間にクーロン引力が働くことのみ想定します．電子が原子核の周囲を回転運動することは仮定しません．

　電子が周期運動をして原子核の周りを回転していると仮定してしまうと，古典物理学に従った古典モデルになってしまうからです．それと同時に，実際に電子がどのような運動をしているかを前もって決めることは，計算する前に結果の一部を決めることになってしまって客観的とはいえないからです．ですから，計算に使う水素原子モデルを描くと，図 6.16 に示すようになります．ここで注意すべき事柄が一つあります．というのは，電子と陽子の間にクーロン引力が働きますと，電子は位置のエネルギー U をもつようになることです．クーロン力に基づく位置のエネルギーについては電磁気学を学んだ人は知っていると思いますが，ここでは簡単に計算して説明しておきたいと思います．

　電子と陽子の間で働くクーロン引力は，電子が陽子から離れるほどその値が小さくなりますので，電子が原子核から遠く離れて無限遠にいるときには，クーロン力は 0 になります．そこで，電子の位置のエネルギーを決めるに当たっては，無限遠の位置を基準にします．すなわち，無限遠における電子の位置のエネルギー U を 0 とすることにします．

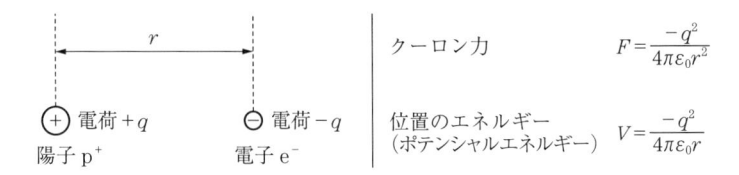

図 **6.17** クーロン力から導かれる電子の位置のエネルギー（ε_0 は真空の誘電率）

次に，クーロン力に対して反対方向に働く，クーロン力と絶対値の等しい力 F を電子に加えながら，電子を無限遠から水素の原子核に近づけることを考えます．そして，この正符号の力 F に微小距離 dr を掛けた Fdr を，図 6.17 に示すように，無限遠から，電子の原子核からの距離が r になる位置まで加え合わせます．実際の計算では Fdr を距離について無限遠から位置 r まで積分します．力 F に距離 r を掛けたもの Fr は仕事，つまりエネルギーになりますので，Fdr を無限遠から位置 r まで積分したものが電子の位置のエネルギーになります．

電子に働く位置のエネルギーは井戸型ポテンシャルと同じようになる！

具体的に計算しますと，電子と陽子に間に働くクーロン引力 $F_{引力}$ と，クーロン力の働く方向に対して逆方向働く力 $F_{斥力}$ は，電子の電荷を $-q$ とすると，次の式で表されます．

$$F_{引力} = -\frac{q^2}{4\pi\varepsilon_0 r^2}, \quad F_{斥力} = \frac{q^2}{4\pi\varepsilon_0 r^2} \tag{6.41}$$

そして，電子の位置のエネルギー U は，上に述べた説明に従って次の式で表されます．

$$U(r) = \int_\infty^r Fdr = \int_\infty^r \frac{q^2}{4\pi\varepsilon_0 r^2} dr = \left[-\frac{q^2}{4\pi\varepsilon_0 r}\right]_\infty^r = -\frac{q^2}{4\pi\varepsilon_0 r} \tag{6.42}$$

式 (6.42) で表される電子の位置のエネルギー $U(r)$ を一次元の図に描きますと，図 6.18(a) に示すようになります．ですから，水素原子の中の電子は，図 6.18(a) に示すような，原子核の中心で位置のエネルギーが無限に小さくなり，原子核から遠ざかるに従って，エネルギーの値が増大する無限に深いエネルギーの谷

6.6 水素原子へのシュレーディンガー方程式の適用

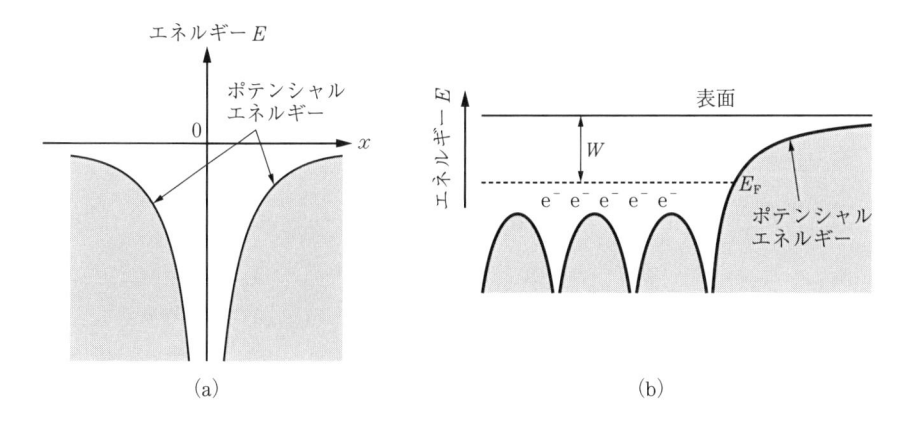

図 6.18 水素原子と金属のポテンシャルエネルギー図. (a) 水素原子の位置エネルギー（原子1個のときのポテンシャルエネルギー），(b) 金属（多くの原子で構成）のポテンシャルエネルギー．W は仕事関数，E_F はフェルミ準位（電子は下からこのエネルギーの位置まで詰まっている）を表す．

をもつ井戸型ポテンシャルの中に閉じ込められた状態になっていると考えられます．

　シュレーディンガー方程式を用いて水素原子の問題を解くと，水素原子の中の電子がどのように振る舞うか，また，電子のもつエネルギー E は実際にはどのようになるかなどを調べ，そしてこれらを知ることができます．次に計算結果がどのようなものになるかをざっと見ておきましょう．

水素原子における電子の密度分布は3種類ある！

　水素原子は現実に存在するものですから，その構造は当然三次元の構造をしています．そして，計算してみますと，電子の状態には三次元の構造が現れますが，この三次元構造は必ずしも球対称な形にはなっていないことがわかりました．この結果については，極座標に関係しますので，次の極座標の説明の後で図を使って説明します．

水素原子モデルの計算には極座標を使うのが便利

　水素原子をシュレーディンガー方程式を用いて計算をするには，まず，波動関数を決める必要があります．波動関数が原点に対して対象でないときは，x,

y, z の座標を使う直角座標よりも，r, θ, ϕ を使う極座標の方が便利です．ここで，r は原点からの距離，θ は xy 面内での角度，そして，ϕ は xz 面内での角度を表します．すると，電子の波動関数 $\Psi(r, \theta, \phi)$ は r, θ, ϕ に関する3個の固有関数 $R(r)$, $\Theta(\theta)$, $\Phi(\phi)$ を使って次の式で表されます．

$$\Psi(r, \theta, \phi) = R(r)\Theta(\theta)\Phi(\phi) \tag{6.43}$$

実際にシュレーディンガー方程式を解くには，変数が r, θ, ϕ のそれぞれの関数 $R(r)$, $\Theta(\theta)$, $\Phi(\phi)$ に対する微分方程式を解いて波動関数を決める必要があります．すると，電子の三次元空間における電子密度分布も計算できます．

水素原子の問題を解くと後でも示すように，関数 $R(r)$, $\Theta(\theta)$, $\Phi(\phi)$ に対して，それぞれ主量子数 n，方位量子数 l，磁気量子数 m が現れます．そして，波動関数を計算して電子の密度分布を求めますと，図 6.19 にそれぞれ示すように，s 状態，p 状態，および d 状態の電子密度分布が得られます（各状態の説明は 105 ページも参照）．

水素原子の電子もエネルギーがとびとびになる

6.2 節で述べましたように，井戸型ポテンシャルの中に閉じ込められた電子のエネルギーはとびとびになると説明しましたが，水素原子の中の電子も，後で具体的に示すように，とびとびのエネルギーをもちます．このことは，水素原子の位置のエネルギーが図 6.18(a) に示すような井戸型ポテンシャルになっていることを考えれば当然予想されることですね．

6.6.2　水素原子へのシュレーディンガー方程式の具体的な適用

電子の波動関数を極座標で表す

水素原子の計算では定常状態の 1 個の電子の問題を扱いますので，ここで使うシュレーディンガー方程式は時間に依存しないシュレーディンガー方程式ということになります．具体的には 5 章で述べたように式 (5.8a) を使いますが，ここでは座標の $\boldsymbol{x}$ を $\boldsymbol{r}$ に変えて次の式になります．

$$\left\{-\frac{\hbar^2}{2m}\nabla^2 + V(\boldsymbol{r})\right\}\Psi(\boldsymbol{r}) = \varepsilon\Psi(\boldsymbol{r}) \tag{6.44}$$

そして，位置のエネルギー $V(\boldsymbol{r})$ は 6.6.1 項で説明したように式 (6.42) を使うので，式 (6.44) は次のように書き換えられます．

(a) s 状態

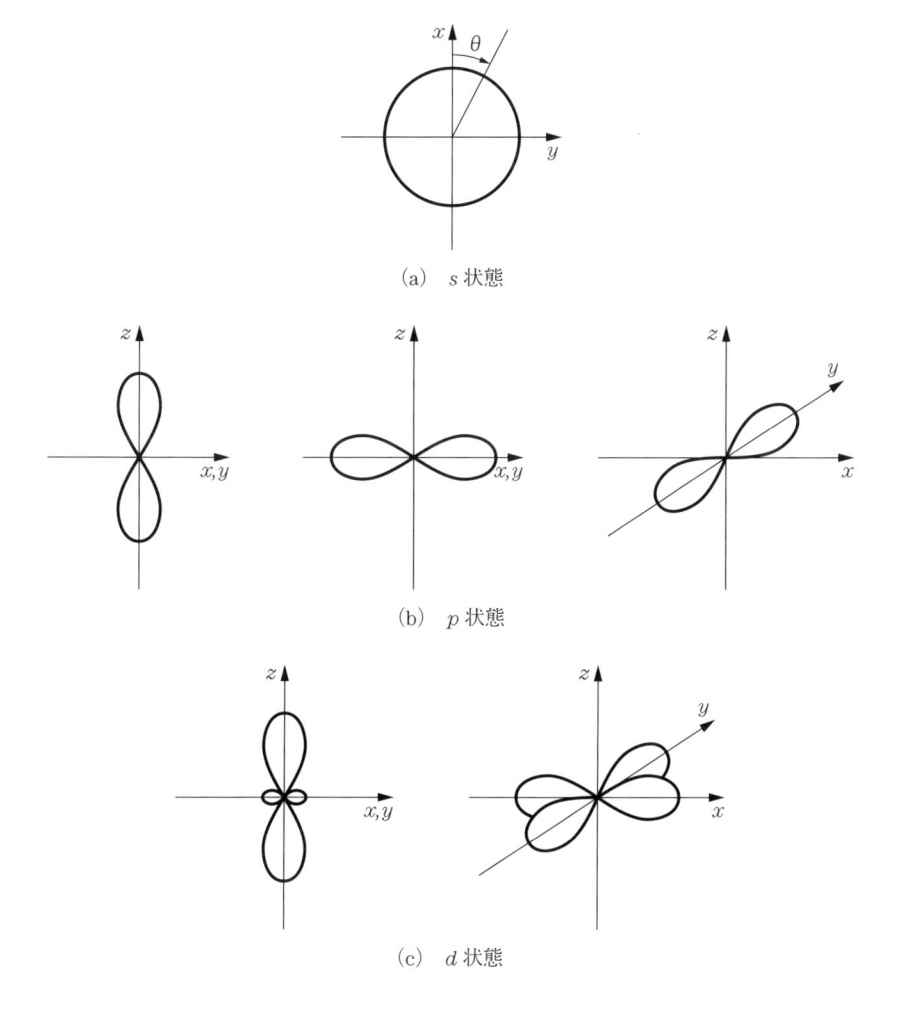

(b) p 状態

(c) d 状態

図 **6.19** 水素原子における電子密度の s, p, d 状態

$$\left\{ -\frac{\hbar^2}{2m}\nabla^2 - \frac{q^2}{4\pi\varepsilon_0 r} \right\} \Psi(\boldsymbol{r}) = \varepsilon \Psi(\boldsymbol{r}) \tag{6.45}$$

式 (6.45) を図 6.20 に示す極座標に変換する必要がありますが，これは次の直交座標と極座標の関係を使って，座標変数を変更する必要があります．

$$x = r\sin\theta\cos\phi, \quad y = r\sin\theta\sin\phi, \quad z = \cos\theta \tag{6.46}$$

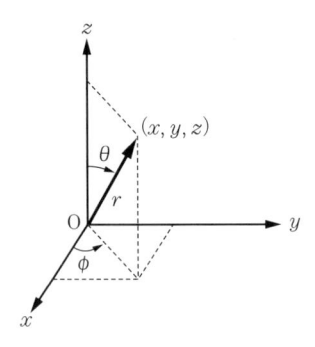

図 **6.20** 極座標 (r,θ,ϕ) と直交座標 (x,y,z) の関係

座標変換の方法の詳細は多くの数学や物理学の教科書に記載されていますので省略しますが，シュレーディンガー方程式は次のように表されます．

$$\left\{-\frac{\hbar^2}{2m}\left(\frac{\mathrm{d}^2}{\mathrm{d}r^2}+\frac{2}{r}\frac{\mathrm{d}}{\mathrm{d}r}+\frac{1}{r^2}\Lambda\right)-\frac{q^2}{4\pi\varepsilon_0 r}\right\}\Psi(r,\theta,\phi)=\varepsilon\Psi(r,\theta,\phi) \tag{6.47a}$$

ここで，記号 Λ は次の式で表されます．

$$\Lambda=\frac{1}{\sin\theta}\frac{\mathrm{d}}{\mathrm{d}\theta}\left(\sin\theta\frac{\mathrm{d}}{\mathrm{d}\theta}\right)+\frac{1}{\sin\theta}\frac{\mathrm{d}^2}{\mathrm{d}\phi^2} \tag{6.47b}$$

変数分離を行って 3 個の固有関数 $R(r)$, $\Theta(\theta)$, $\Phi(\phi)$ を決める

式 (6.47a) では波動関数 $\Psi(r,\theta,\phi)$ は 3 個の変数 r, θ, ϕ の関数になっているので，このままでは式 (6.47a) の微分方程式は解くことはできません．そこで，6.2 節で行ったように変数分離をする必要があります．そのために，まず，波動関数 $\Psi(r,\theta,\phi)$ を，2 個の関数 $R(r)$ と $Y(\theta,\phi)$ の積の形にして，次のように表します．

$$\Psi(r,\theta,\phi)=R(r)Y(\theta,\phi) \tag{6.48}$$

次に，この式を式 (6.47a) に代入すると次の式が得られます．

$$-\frac{\hbar^2}{2m}\left(\frac{d^2R(r)}{dr^2}+\frac{2}{r}\frac{dR(r)}{dr}\right)Y(\theta,\phi)-\frac{q^2}{4\pi\varepsilon_0 r}R(r)Y(\theta,\phi)$$
$$-\varepsilon R(r)Y(\theta,\phi)=\frac{\hbar^2}{2mr^2}R(r)\Lambda Y(\theta,\phi) \qquad (6.47c)$$

そして，両辺に $-(2m/\hbar^2)\left\{r^2/[R(r)Y(\theta,\phi)]\right\}$ を掛けて整理すると，次の式が得られます．

$$\frac{r^2}{R(r)}\left\{\frac{d^2R(r)}{dr^2}+\frac{2}{r}\frac{dR(r)}{dr}\right\}+\frac{2mr^2}{\hbar^2}\left(\frac{q^2}{4\pi\varepsilon_0 r}+\varepsilon\right)$$
$$=-\frac{1}{Y(\theta,\phi)}\Lambda Y(\theta,\phi) \qquad (6.49)$$

式 (6.49) をよく見ると，左辺は変数が r の関数，右辺は変数が θ と ϕ の関数になっています．ですから，式 (6.49) が常に成立するには，この式 (6.49) の値が一定の定数でなければなりません．そこで，この定数に λ を使いますと，次の二つの式が得られます．

$$\frac{r^2}{R(r)}\left\{\frac{d^2R(r)}{dr^2}+\frac{2}{r}\frac{dR(r)}{dr}\right\}+\frac{2mr^2}{\hbar^2}\left(\frac{q^2}{4\pi\varepsilon_0 r}+\varepsilon\right)=\lambda \qquad (6.50a)$$

$$-\frac{1}{Y(\theta,\phi)}\Lambda Y(\theta,\phi)=\lambda \qquad (6.50b)$$

式 (6.50a) から，コラム 6.4 の式 (C6.13b) に示すように，動径方向 r の固有値方程式として次の式が得られます．

$$-\frac{\hbar^2}{2m}\left\{\frac{d^2R(r)}{dr^2}+\frac{2}{r}\frac{dR(r)}{dr}-\frac{\lambda}{r^2}R(r)\right\}-\frac{q^2}{4\pi\varepsilon_0 r}R(r)=\varepsilon R(r) \quad (6.51)$$

コラム 6.4 ★ 動径方向 r の固有値方程式 (6.51) と角度方向 θ と ϕ の固有値方程式 (6.52) の導出

(i) 動径方向の固有値方程式

固有値方程式 (6.50a) を使いますが，ここでは，再掲して式 (C6.12) としますと

$$\frac{r^2}{R(r)}\left\{\frac{d^2R(r)}{dr^2}+\frac{2}{r}\frac{dR(r)}{dr}\right\}+\frac{2mr^2}{\hbar^2}\left(\frac{q^2}{4\pi\varepsilon_0 r}+\varepsilon\right)=\lambda \quad (C6.12)$$

となります．この式 (C6.12) の両辺に $\{R(r)/r^2\}(-\hbar^2/2m)$ を掛けて整理しますと，次の式が得られます．

$$-\frac{\hbar^2}{2m}\left\{\frac{d^2R(r)}{dr^2}+\frac{2}{r}\frac{dR(r)}{dr}\right\}-\left(\frac{q^2}{4\pi\varepsilon_0 r}+\varepsilon\right)R(r)$$
$$=-\frac{\hbar^2\lambda}{2mr^2}R(r) \tag{C6.13}$$

これをさらに整理することにより，式 (6.51) が得られます．

(ii) 角度方向 θ と ϕ の，固有関数 $Y(\theta,\phi)$ を使った，固有値方程式

固有値方程式 (6.50b) を使いますが，ここでは，再掲して式 (C6.14) としますと

$$-\frac{1}{Y(\theta,\phi)}\Lambda Y(\theta,\phi)=\lambda \tag{C6.14}$$

となります．この式の両辺に左から $-Y(\theta,\phi)$ を掛けて整理すると，式 (C6.15) のように固有値方程式が得られます．

$$\Lambda Y(\theta,\phi)+\lambda Y(\theta,\phi)=0 \tag{C6.15}$$

また，コラム 6.4 に示すように，式 (C6.15) より角度方向 θ と ϕ の固有値方程式として，次の式が得られます．

$$\Lambda Y(\theta,\phi)+\lambda Y(\theta,\phi)=0 \tag{6.52}$$

この式 (6.52) は固有関数 $Y(\theta,\phi)$ が θ と ϕ の二つの変数の関数になっていますので，さらに変数分離を行うために，固有関数 $Y(\theta,\phi)$ を，θ の関数 $\Theta(\theta)$ と ϕ の関数 $\Phi(\phi)$ の積として，次のようにおきます．

$$Y(\theta,\phi)=\Theta(\theta)\Phi(\phi) \tag{6.53}$$

途中の演算は省略しますが，変数分離を行いますと，次の二つの式が得られます．

$$\frac{1}{\sin\theta}\frac{d}{d\theta}\left(\sin\theta\frac{d}{d\theta}\right)\Theta(\theta)+\left(\lambda-\frac{\nu}{\sin^2\theta}\right)\Theta(\theta)=0 \tag{6.54}$$

$$\frac{d^2\Phi(\phi)}{d\phi^2}+\nu\Phi(\phi)=0 \tag{6.55}$$

ここで、ν は関数 $Y(\theta,\phi)$ を変数分離したとき得られる等式の値を一定とおいたときに用いた定数です。

(i) 変数 ϕ に関する固有関数 $\Phi(\phi)$ を決める

磁気量子数 m が現れる！

式 (6.55) を解いて得られる固有関数 $\Phi(\phi)$ は、コラム 6.5 に示すように、式 (C6.16) を使って次のようになります。

$$\Phi(\phi) = \frac{1}{\sqrt{2\pi}} e^{\pm im\phi} \quad (m = 0, 1, 2, \cdots) \tag{6.56}$$

ここで、m は磁気量子数とよばれるものです。

コラム 6.5　固有関数 $\Phi(\phi)$ の求め方と磁気量子数 m の導出

微分方程式 (6.55) の一般解は C を定数として次の式で与えられることが分かっています。

$$\Phi(\phi) = Ce^{i\sqrt{\nu}\phi} \tag{C6.16}$$

変数 ϕ は xz 平面内の角度なので、角度 ϕ の範囲は 0 から 2π ですから、Φ は周期関数となり、次の式が成立します。

$$\Phi(\phi) = \Phi(\phi + 2\pi) \tag{C6.17}$$

式 (C6.17) の関係が成り立つのは、コラム 6.3 のオイラーの公式を使って考えますと、$\cos 2\pi\sqrt{\nu} = 1$ の関係を満足する必要がありますので、$\sqrt{\nu}$ は正または負の整数でなくてはなりません。するとこの条件から、$\sqrt{\nu}$ は次のように決まります。

$$\sqrt{\nu} = \pm m \quad (m = 0, 1, 2, \cdots) \tag{C6.18}$$

この関係を式 (C6.16) に代入して、固有関数を規格化しますと固有関数 $\Phi(\phi)$ は次の式で与えられます。

$$\Phi(\phi) = \frac{1}{\sqrt{2\pi}} e^{\pm im\phi} \quad (m = 0, 1, 2, \cdots) \tag{C6.19}$$

(ii) 変数 θ, および ϕ に関する固有関数 $Y(\theta,\phi)$ を決める

導入した定数に特別な条件（量子条件）が付けられる！

次に, $\Theta(\theta)$ に関する固有値方程式 (6.54) を解いて θ の関数である固有関数 $\Theta(\theta)$ を求めることを考えましょう. 式 (6.54) の微分方程式を解くのはかなり複雑で, かつ難しく煩雑にもなりますのでここでは詳細は省略し, 要点のみ述べることにします. まず, 式 (6.54) からは固有関数に関する微分方程式として, 数学分野ではよく知られている, ルジャンドル（Adrien Marie Legendre）の微分方程式とよばれる方程式が導かれます. そして, このことは重要ですが, 固有関数は波動関数にもなるものですので, 固有関数が無限大に発散してはならないという条件から, 量子力学に特有な奇妙なことが起こります.

すなわち, 最初変数分離の操作の中で得られた $R(r)$ と $Y(\theta,\phi)$ の関数式を等式で結ぶために, 式 (6.49) で定数 λ を導入しました. この導入した定数の λ について条件が課せられることになるのです. 定数 λ に課される条件は次の通りです. 記号 l（エル）を 0 または正の整数として, 定数 λ は次の式を満たさなければならないということになります.

$$\lambda = l(l+1) \quad (l = 0, 1, 2, \cdots) \tag{6.57}$$

そして, この l は方位量子数とよばれる量子数です.

ここでは省略しますが, θ に関する固有関数 $\Theta(\theta)$ が求まることにより, その結果を利用して, 変数 θ と ϕ に関する固有関数 $Y(\theta,\phi)$ として, 次の式が得られます（ここでは, $Y(\theta,\phi)$ は慣例に従って $Y_l^{\pm m}(\theta,\phi)$ で表します）.

$$Y_l^{\pm m}(\theta,\phi) = N_l^{\pm m} P_l^m(\cos\theta) e^{\pm im\phi} \tag{6.58}$$

この式 (6.58) において, m と l はそれぞれ磁気量子数と方位量子数です. そして, m と l の間には次の関係が成立します.

$$l \geq m \quad (m = 0, 1, 2, \cdots) \tag{6.59}$$

また, 式 (6.58) の $P_l^m(\cos\theta)$ は, これも数学分野では古くから知られている有名な関数で, ルジャンドルの陪関数とよばれる関数です. そして, 式 (6.58) の $N_l^{\pm m}$ は次の式で表されます.

$$N_l^{\pm m} = \left\{ \frac{(2l+1)(l-m)!}{4\pi(l+m)!} \right\}^{1/2} \tag{6.60}$$

(iii) 動径方向 r の固有関数 $R(r)$ と水素原子全体の波動関数を決める
変数変換や関数変換をしばしば行う必要がある

最後に動径方向の固有関数 $R(r)$ を，前出の固有値方程式 (6.51) を使って導きましょう．まず，式 (6.51) の λ に式 (6.57) の関係を代入しますと，固有値方程式として次の式が得られます．

$$-\frac{\hbar^2}{2m}\left\{\frac{\mathrm{d}^2R(r)}{\mathrm{d}r^2}+\frac{2}{r}\frac{\mathrm{d}R(r)}{\mathrm{d}r}-\frac{l(l+1)}{r^2}R(r)\right\}-\frac{q^2}{4\pi\varepsilon_0 r}R(r)=\varepsilon R(r) \tag{6.61}$$

式 (6.61) を解くためには数学的なテクニックを使わなくてはなりません．まず，次のように関数変換と変数変換を行います．

$$R(r)=\frac{\chi(\rho)}{r},\quad \rho=\alpha r \tag{6.62}$$

ここで α は未知の定数とします．そして，コラム 6.6 に示すように，式 (6.62) を少し変形して固有関数 $R(r)$ の一次微分と二次微分を求め，これらを式 (6.61) に代入します．すると，コラム 6.6 の式 (C6.22) が得られます．この式はここで使う波動方程式なので，式 (6.63) として次に書くことにしましょう．

$$\frac{\mathrm{d}^2\chi(\rho)}{\mathrm{d}\rho^2}+\left(\frac{2m\varepsilon}{\hbar^2\alpha^2}+\frac{mq^2}{2\pi\varepsilon_0\alpha\hbar^2}\frac{1}{\rho}\right)\chi(\rho)-\frac{l(l+1)}{\rho^2}\chi(\rho)=0 \tag{6.63}$$

次に，波動方程式 (6.63) に現れる新しい係数となっている複数の定数を次のようにおき換えます．

$$\alpha^2=-\frac{8m\varepsilon}{\hbar^2},\quad N=\frac{mq^2}{2\pi\varepsilon_0\alpha\hbar^2} \tag{6.64}$$

これらを式 (6.63) に代入すると，解くべき波動方程式として次の式が得られます．

$$\frac{\mathrm{d}^2\chi(\rho)}{\mathrm{d}\rho^2}+\left\{\frac{N}{\rho}-\frac{1}{4}-\frac{l(l+1)}{\rho^2}\right\}\chi(\rho)=0 \tag{6.65}$$

コラム 6.6 ★　式 (6.63) に至るまでの演算と説明

式 (6.62) の関係式を使うと，次の関係式が得られます．

$$R(r) = \frac{\alpha}{\rho}\chi(\rho), \quad \frac{d\rho}{dr} = \alpha \tag{C6.19}$$

この式 (C6.19) を使うと, $R(r)$ の一次微分と二次微分は次のようになります.

$$\frac{dR(r)}{dr} = \frac{dR}{d\rho}\frac{d\rho}{dr} = -\frac{\alpha^2}{\rho^2}\chi(\rho) + \frac{\alpha^2}{\rho}\frac{d\chi(\rho)}{d\rho} \tag{C6.20}$$

また, $d^2R(r)/dr^2 = (d^2R(r)/d\rho^2)(d\rho/dr)^2 = \alpha^2 d^2R(r)/d\rho^2$ となることに注意して, $R(r)$ の二次微分を求めると次のようになります. まず, $R(r)$ の ρ による二次微分を求めると

$$\frac{d^2R(r)}{d\rho^2} = \frac{d}{d\rho}\left(\frac{dR}{d\rho}\right) = \frac{2\alpha}{\rho^3}\chi(\rho) - \frac{2\alpha}{\rho^2}\frac{d\chi(\rho)}{d\rho} + \frac{\alpha}{\rho}\frac{d^2\chi(\rho)}{d\rho^2} \tag{C6.21a}$$

よって $R(r)$ の r による二次微分は次のようになります.

$$\frac{d^2R(r)}{dr^2} = \alpha^2 \frac{d^2R(r)}{d\rho^2} = \frac{2\alpha^3}{\rho^3}\chi(\rho) - \frac{2\alpha^3}{\rho^2}\frac{d\chi(\rho)}{d\rho} + \frac{\alpha^3}{\rho}\frac{d^2\chi(\rho)}{d\rho^2} \tag{C6.21b}$$

式 (C6.19), (C6.20), (C6.21b) を本文の式 (6.61) に代入すると次の式が得られます.

$$\frac{d^2\chi(\rho)}{d\rho^2} + \left(\frac{2m\varepsilon}{\hbar^2\alpha^2} + \frac{mq^2}{2\pi\varepsilon_0\alpha\hbar^2}\frac{1}{\rho}\right)\chi(\rho) - \frac{l(l+1)}{\rho^2}\chi(\rho) = 0 \tag{C6.22}$$

固有関数（や波動関数）を無限大にならないようにする有力な手段は関数の多項式を使うこと！

この式 (6.65) の $\chi(\rho)$ は固有関数ですが, これは波動関数の性質を備えている必要がありますから, $\chi(\rho)$ は無限大に発散してはいけません. そして, この条件を検討するために $\chi(\rho)$ を指数関数を含む次の多項式に展開します.

$$x(\rho) = e^{-\rho/2}\rho^l \sum_{\mu=0} a_\mu \rho^{\mu+1} \tag{6.66a}$$

すると，$\chi(\rho)$ が無限大に発散しないためには，式 (6.64) の N に関連して，多項式の係数 a_μ についての制限が生まれます．すなわち，まず係数 $a_{\mu+1}$ と a_μ の間に次の関係式が成立しなければならないことがわかります．

$$a_{\mu+1} = -\frac{N-(\mu+l+1)}{(\mu+1)(\mu+2l+2)}a_\mu \tag{6.66b}$$

また，固有関数をおき換えた多項式 (6.66a) が有限の項で終わる，つまり固有関数が μ 項までで終わるためには，係数 $a_{\mu+1}$ が 0 になることが必要ですから，式 (6.66b) より，N に関して次の式が成立しなければなりません．

$$N-(\mu+l+1)=0 \tag{6.67}$$

主量子数 n が現れる！

式 (6.67) の μ は式 (6.66a) に示すように，多項式の項数の順番を表す番号ですから 0 または正の整数です．また，l は式 (6.57) に示すように，0 または正の整数です．したがって，ここで N を n におき換えることにしますと，n は次のように 1 より大きい正の整数となります．

$$N = n \geq 1 \quad (n = 1, 2, 3, \cdots) \tag{6.68}$$

この数字 n はエネルギー ε の量子数なので主量子数とよばれます．

電子のエネルギー ε はとびとびの値をとる！

次に，水素原子の中の電子のエネルギー ε ですが，この ε は式 (6.64) の α^2 の式に入っています．そして，α は同じく式 (6.64) の N の式の中に入っていますので，これらの二つの式からエネルギー ε は次の式で与えられます．

$$\varepsilon = -\left(\frac{1}{4\pi\varepsilon_0}\right)^2 \frac{mq^4}{2\hbar^2} \frac{1}{n^2} \quad (n=1,2,3,\cdots) \tag{6.69}$$

ですから，水素原子の中の電子のエネルギーは，図 6.21 に示すように，とびとびの値のエネルギーをとることになります．

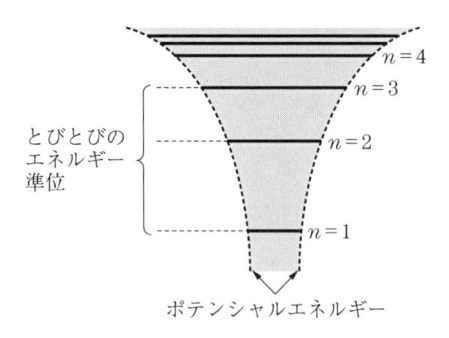

図 **6.21**　水素原子のエネルギー図

そして，水素原子全体の波動関数は，最初に式 (6.48) で示した $\Psi(r,\theta,\phi)$ で表されますが，これの内容は動径方向の固有関数 $R_{nl}(r)$ と方位角方向の固有関数 $Y_l^{\pm m}(\theta,\phi)$ の積になり，表記を慣例に従って $\Psi_{nlm}(r,\theta,\phi)$ に変更すると，次の式で与えられます．

$$\Psi_{nlm}(r,\theta,\phi) = R_{nl}(r)Y_l^{\pm m}(\theta,\phi) \tag{6.70}$$

ここで，全体の波動関数は量子数 n，l，m に依存するので，波動関数には添字 nlm をつけました．また，動径方向の固有関数 $R_{nl}(r)$ と方位方向の固有関数 $Y_l^{\pm m}(\theta,\phi)$ の内容の詳細については，これらは複雑で煩雑になりますのでここでは省略しました．

水素原子の電子の密度分布は水素電子全体の波動関数から求めることができる！

次に，水素原子の中の電子の空間分布密度は，電子の存在する体積について考える必要がありますので，体積素片 $r^2\sin\theta \mathrm{d}r\mathrm{d}\theta\mathrm{d}\phi$ を使って，次の式で与えられます．

$$|R_{nl}(r)|^2 |Y_l^{\pm m}(\theta,\phi)|^2 r^2 \sin\theta \mathrm{d}r\mathrm{d}\theta\mathrm{d}\phi \tag{6.71}$$

また，水素原子の中の電子の動径方向の距離の単位は，これを a_0 としますと，a_0 は次の式で与えられます．

$$a_0 = \frac{4\pi\varepsilon_0\hbar^2}{mq^2} \simeq 5.3 \times 10^{-15} \ \ [\mathrm{m}] \tag{6.72}$$

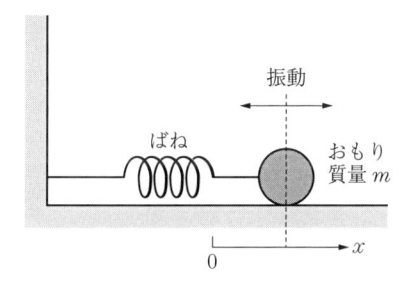

図 **6.22** 調和振動子

そして，この a_0 はボーア半径とよばれています．

なお，電子の空間密度分布には s, p, d の三種類の状態があることを前に図 6.19 に示して説明しましたが，この s, p, d は量子数 l によって決まるもので，それぞれ $l=1$, $l=2$ および $l=3$ に対応する軌道の名称でもあります．これらの記号は s が sharp，p が principle，d が diffuse と，それぞれ英単語の頭文字です．s 状態の電子密度分布は，図 6.19(a) に示すように，中心に対して球対称ですが，p 状態および d 状態の電子密度分布は，図 6.19(b) と図 6.19(c) に示すように，球対称にはなりません．

6.7 調和振動子の問題を解く

6.7.1 調和振動の物理学および量子力学における重要性
調和振動は身の回りのどこにでもある運動！

代表的な調和振動は，ばねのついたおもりの運動です．ばね付きのおもりの運動では，図 6.22 に示すように，床板の上にばねのついたおもりを置き，ばねを壁に固定しておもりを水平に引っ張った後，ある位置で離します．すると，おもりは左右に振動を始めます．高校では「このような振動を単振動といいます」と物理の先生から教わったのではないかと思います．ところが，大学に入学して物理学や力学を学ぶと，この同じ現象が調和振動とよばれているのです．変に感じた人も多いと思いますが，実は単振動と調和振動は同じものなのです．調べてみると，調和振動という運動はわれわれの身の回りで広範囲にわたって，どこでも起こっている現象であることがわかって驚きます．

というのは，弾力のある物体に力を加えてこれを押すと，その物体は最初へこみますが，力を離すとへこんだ物体は元の位置の方向に戻ろうとします．この物体の運動は物体が固い場合には，肉眼では識別できませんが，きわめて短時間ではありますが物体は振動しています．

しかし，物体が比較的やわらかいゴムの塊などでしたら，これに力を加えて押しつけた後で力を外すと，ゴムの塊がわずかに振動する様子を見ることができます．一般的にいうと，'すべての物体は外力を加えれば，平衡状態からわずかにずれ，平衡状態を中心にして振動する，つまり調和振動する性質がある'といわれるのです．

身の回りの物体は，原子の内部が調和振動することによって熱くなったり冷たくなったりする！

実は，量子の世界においても調和振動はきわめて重要です．私たちの周りにある物体はその周りの温度によって，物体の温度が上がって暖かくなったり，温度が下がって冷たくなったりします．これは物体の中の原子が振動（格子振動）するからです．このことは電子レンジを使うと，マイクロ波による振動で食品が煮上がり調理されることから（この場合は水分子の振動ですが），容易に想像できると思います．

格子振動では無限に近い多数の原子が振動していますので，格子振動は多くの調和振動が集まったものです．しかし，多くの原子の振動はお互いに勝手にランダムに振動しているものではなく，協調して振動しているのです．ですから格子振動は「結合した調和振動」とよばれています．

実は，この原子の結合した調和振動からは量子が生まれます．この量子はフォノンとよばれています．これ以上詳しいことはここでは説明しませんが，格子振動を量子力学を使って学ぶには，フォノンの知識が必要なのです．

また，原子や陽子，電子などは原子の世界のごく微小な粒子ですが，これらの粒子は不思議なことにエネルギーの存在しないはずの，絶対零度においても振動しているといわれています．この振動も調和振動です．この絶対零度における原子など粒子の振動は，すでに3章で触れましたが，ゼロ点振動とよばれています．

6.7.2 古典物理学の調和振動子
調和振動の位置のエネルギーを求めること

ここでは問題を単純化してわかりやすくするために，一次元の調和振動子を扱うことにします．調和振動子の状態は 6.7.1 項で説明した図 6.22 と同じです．ここで x 方向の振動範囲は $-a$ から a までとします．

調和振動，つまり単振動では，ばねを x だけ引き伸ばし，ばねの変位が x になったときの力 F は次の式で与えられます．

$$F = -kx \tag{6.73}$$

ここで，k はばね定数です．また，力 F と調和振動子の位置のエネルギー $V(x)$ の間には，次の関係が成り立つことが知られています．

$$F = -\frac{dV}{dx} \tag{6.74}$$

式 (6.73) と式 (6.74) の F は同じものですから，両式から，次の式 (6.75) が得られます．

$$kx = \frac{dV}{dx} \tag{6.75}$$

この式の両辺を x で積分しますと，調和振動子の位置のエネルギーとして，次の式 (6.76a) が得られます．

$$V(x) = \frac{1}{2}kx^2 \tag{6.76a}$$

ばね定数 k と角振動数 ω の間に成り立つ $k = m\omega^2$ の関係を使うと，位置のエネルギーは次の式になります．

$$V(x) = \frac{1}{2}m\omega^2 x^2 \tag{6.76b}$$

調和振動子の運動エネルギーと全エネルギーのハミルトニアンを求める！

次に，調和振動子の運動エネルギーを求めましょう．運動方程式は一般に，質量を m として，次の式で与えられます．

$$F = ma = m\frac{d^2 x}{dt^2} \tag{6.77}$$

この力 F を式 (6.73) に代入して，ばね定数 k と角振動数 ω の間に成り立つ $k = m\omega^2$ の関係を使うと，次の微分方程式が得られます．

$$\frac{d^2x}{dt^2} + \omega^2 x = 0 \tag{6.78}$$

この式 (6.78) で表される微分方程式の一般解は，A を調和振動の振幅，δ を位相として，次の式で与えられることが昔からわかっています．

$$x = A\cos(\omega t + \delta) \tag{6.79}$$

ばね振動の速度 v は dx/dt ですので，式 (6.79) を使って，次のようになります．

$$v = \frac{dx}{dt} = -A\omega \sin(\omega t + \delta) \tag{6.80}$$

したがって，ばね振動の運動エネルギーを $K(x)$ としますと，$K(x)$ は式 (6.80) を使って，次の式で与えられます．

$$K(x) = \frac{mv^2}{2} = \frac{1}{2}m\omega^2 A^2 \sin^2(\omega t + \delta) \tag{6.81}$$

次に，調和振動子の全エネルギーであるハミルトニアン H を求めておきますと，H は式 (6.76b) の位置のエネルギー $V(x)$ と式 (6.81) の運動エネルギー $K(x)$ の和ですから，次の式で与えられます．

$$H = \frac{1}{2}kx^2 + \frac{1}{2}mv^2 = \frac{1}{2}m\omega^2 x^2 + \frac{1}{2}mv^2 \tag{6.82a}$$

$$= \frac{1}{2}m\omega^2 A^2 \cos^2(\omega t + \delta) + \frac{1}{2}m\omega^2 A^2 \sin^2(\omega t + \delta)$$

$$= \frac{1}{2}m\omega^2 A^2 \tag{6.82b}$$

ここで，ばね定数 k と角振動数 ω の関係 $k = m\omega^2$ を用いました．

6.7.3 調和振動子へのシュレーディンガー方程式の具体的な適用
固有値方程式の求め方

ここでもこれまでと同じように，調和振動子の運動は定常状態にあると仮定することにします．すると，シュレーディンガー方程式は時間に依存しない方程式になります．ここでは，ハミルトニアン（演算子）H を使うことにしましょ

う．すると，シュレーディンガー方程式の一般式はこれまでに示してきたように，エネルギーを ε とし，三次元の位置座標を $\boldsymbol{r}$ としますと，次の式になります．

$$H\Psi(\boldsymbol{r}) = \varepsilon\Psi(\boldsymbol{r}) \tag{6.83}$$

この式は三次元の式なので，詳細は省略しますが，変数分離を行ってシュレーディンガー方程式の一次元成分（x 成分）を取り出し，これを固有値方程式とすることにします．すると，固有値方程式は次の式で与えられます．

$$H\psi(x) = \varepsilon\psi(x) \tag{6.84a}$$

調和振動子のハミルトニアンは，運動エネルギーを演算子化した $(-\hbar^2/2m)(\mathrm{d}^2/\mathrm{d}x^2)$ と式 (6.76b) の位置のエネルギーを演算子化した $(1/2)m\omega^2 x^2$（演算子化しても変わらない）になります．したがって，調和振動子のハミルトニアン（演算子）は，次の式で表されます．

$$H = -\frac{\hbar^2}{2m}\frac{\mathrm{d}^2}{\mathrm{d}x^2} + \frac{1}{2}m\omega^2 x^2 \tag{6.85}$$

式 (6.85) のハミルトニアン H を式 (6.84a) に代入しますと，ここで解くべき固有値方程式として，次の式が得られます．

$$\left(-\frac{\hbar^2}{2m}\frac{\mathrm{d}^2}{\mathrm{d}x^2} + \frac{1}{2}m\omega^2 x^2\right)\psi(x) = \varepsilon\psi(x) \tag{6.84b}$$

いよいよ，この固有値方程式として与えられた微分方程式を解くことになりますが，それには演算処理を容易にするために，これまでと同じように，次のように，変数変換を行います．すなわち，変数の記号として ξ と λ を導入して，これらを次のようにおきます．

$$\xi = \left(\frac{m\omega}{\hbar}\right)^{1/2} x, \quad \lambda = \frac{2\varepsilon}{\hbar\omega} \tag{6.86}$$

そして，ξ と λ を使って式 (6.84b) を書き換えると，解くべき固有関数は $\psi(\xi)$ と変わり，固有値方程式は次のような簡潔な式になります．

$$\left(-\frac{\mathrm{d}^2}{\mathrm{d}\xi^2} + \xi^2\right)\psi(\xi) = \lambda\psi(\xi) \tag{6.87}$$

固有関数 $\psi(\xi)$ は波動関数と同じ意味をもっていますので，その性質上 ξ の値がいくら大きくなっても固有関数 $\psi(\xi)$ は無限大に発散することは許されません．

この条件を満たすためには，ξ の絶対値がどんな値をとっても固有関数 $\psi(\xi)$ の値が収れんするように，固有関数 $\psi(\xi)$ を決める必要があります．

そこで，通常行われるように，固有関数 $\psi(\xi)$ を，次のように，ξ の多項式 $H(\xi)$ と指数関数 $e^{-\xi^2/2}$ の積に等しいとおきます．

$$\psi(\xi) = H(\xi) e^{-\xi^2/2} \tag{6.88}$$

次に，多項式 $H(\xi)$ を，係数 c_n を使って展開すると（式 (6.91) 参照），第 n 項は $c_n \xi^n$ となるので，式 (6.88) を ξ の多項式を使って展開したときの $\psi(\xi)$ の第 n 項を $\psi_n(\xi)$ とすると，$\psi_n(\xi)$ は次のようになります．

$$\psi_n(\xi) = c_n \xi^n e^{-\xi^2/2} \tag{6.89}$$

この式 (6.89) を見ると，n の値がいくら大きくなっても，ξ^n が増加する速さよりも $e^{-\xi^2/2}$ の減少する速さの方が速くなることがわかります．というのは，マイナスのべき乗の指数関数は，普通の数（整数など）のマイナスのべき乗よりもはるかに速く減衰するからです．ですから，これで固有関数はひとまず無限大に発散しないように処置できたことになります．

次に，式 (6.88) を ξ の固有値方程式 (6.87) に代入して整理しますと，コラム 6.7 の式 (C6.26) に示すように，多項式 $H(\xi)$ についての次の微分方程式が得られます．

$$H''(\xi) - 2H'(\xi)\xi + (\lambda - 1)H(\xi) = 0 \tag{6.90}$$

ここで，$H'(\xi)$ および $H''(\xi)$ は ξ による一次微分と二次微分を表します．

そして，多項式 $H(\xi)$ およびこれの一次微分 $H'(\xi)$ と二次微分 $H''(\xi)$ を ξ で展開して具体的に示しますと，次のようになります．

$$\begin{aligned} H(\xi) &= c_0 + c_1 \xi + c_2 \xi^2 + \cdots + c_n \xi^n + \cdots \\ &= \sum_{l=0}^{\infty} c_l \xi^l \quad (l = 0, 1, 2, \cdots) \end{aligned} \tag{6.91}$$

$$\begin{aligned} H'(\xi) &= c_1 + 2c_2 \xi + 3c_3 \xi^2 + \cdots + n c_n \xi^{n-1} + \cdots \\ &= \sum_{l=0}^{\infty} l c_l \xi^{l-1} \quad (l = 0, 1, 2, \cdots) \end{aligned} \tag{6.92}$$

$$H''(\xi) = 2c_2 + 3 \cdot 2c_3\xi + 4 \cdot 3c_4\xi^2 + \cdots + n(n-1)c_n\xi^{n-2} + \cdots$$
$$= \sum_{l=0}^{\infty}(l+2)(l+1)c_{l+2}\xi^l \quad (l=0,1,2,\cdots) \tag{6.93}$$

コラム 6.7 ★　式 (6.90) が得られるまでの道筋

式 (6.88) で表される固有関数 $\psi(\xi)$ を 1 回および 2 回 ξ で微分すると，次のようになります．

$$\frac{d\psi(\xi)}{d\xi} = H'(\xi)e^{-\xi^2/2} - \xi H(\xi)e^{-\xi^2/2} \tag{C6.23}$$

$$\frac{d^2\psi(\xi)}{d\xi^2} = H''(\xi)e^{-\xi^2/2} - 2\xi H'(\xi)e^{-\xi^2/2}$$
$$- H(\xi)e^{-\xi^2/2} + \xi^2 H(\xi)e^{-\xi^2/2} \tag{C6.24}$$

次に，これらの式 (C6.23) と式 (C6.24) を本文の式 (6.87) に代入します．ここでも $H(\xi)$ を微分したものは簡単に $H'(\xi)$ および $H''(\xi)$ を使って表すことにしましょう．また，煩雑になりますので $e^{-\xi^2/2}$ の項は省略して表すことにします．以上の条件で，式 (C6.23) と式 (C6.24) を本文の式 (6.87) に代入すると，次のようになります．

$$-H''(\xi) + 2H'(\xi)\xi - \xi^2 H(\xi) + H(\xi) + \xi^2 H(\xi) = \lambda H(\xi) \tag{C6.25}$$

この式を整理し，式の両辺にマイナスを掛けると次の式が得られます．

$$H''(\xi) - 2H'(\xi)\xi + (\lambda - 1)H(\xi) = 0 \tag{C6.26}$$

変数（定数）の λ が正の整数でなくてはならない理由

次に，式 (6.90) に式 (6.91)，式 (6.92) および式 (6.93) を代入して式を整理すると，次の式が得られます．

$$\sum\{(l+2)(l+1)c_{l+2} - 2lc_l + (\lambda-1)c_l\}\xi^l = 0 \tag{6.94}$$

式 (6.94) の等式が任意の値の ξ に対して成り立つためには，ξ^l の係数である

{ } の中の式が 0 になる必要があります．したがって，次の式が成り立ちます．

$$(l+2)(l+1)c_{l+2} - 2lc_l + (\lambda-1)c_l = 0 \tag{6.95a}$$

変形すると，

$$(l+2)(l+1)c_{l+2} - (2l-\lambda+1)c_l = 0 \tag{6.95b}$$

したがって，式 (6.95b) より，式 (6.90) が成り立つためには，係数 c_l と c_{l+2} の間に次の式の関係が成り立つ必要があります．

$$c_{l+2} = \frac{2l-\lambda+1}{(l+2)(l+1)} c_l \tag{6.96}$$

しかし，この式が成立しても，$H(\xi)$ が無限に続く多項式であれば，$H(\xi)$ はやはり無限大に発散する可能性があります．したがって，多項式 $H(\xi)$ が無限大に発散することを防ぐには，多項式を有限の項数で打ち切る必要があります．いま，多項式を第 l 項で終わらせようとすると，式 (6.96) の右辺の c_l の係数が 0 である必要があるので，式 (6.96) の c_l の係数の分子が 0 になる必要があります．

したがって，次の式が成立しなければなりません．

$$\lambda = 2l+1 \quad (l=0,1,2,\cdots) \tag{6.97}$$

すなわち，固有値方程式の演算を簡潔にするために導入した変数（定数）λ の値には，とびとびの値しか許されないということです．これは量子力学に特有な条件です．

式 (6.96) を見ると，係数 c_l の項が奇数項なら c_{l+2} も奇数項になり，c_l が偶数項なら c_{l+2} も偶数項になります．ですから，多項式 $H(\xi)$ を展開した級数の各項はすべて奇数項か，またはすべて偶数項に統一されなければならないことになります．

固有関数にふさわしい具体的な多項式 $H(\xi)$ の姿は？

多項式 $H(\xi)$ を級数に展開したときに各項を奇数項のみにするためには，偶数項はすべて 0 にする必要があります．また，各項を偶数項のみにするには奇数項はすべて 0 にする必要があります．以上の条件のもとに，多項式 $H(\xi)$ を，各 l に対して決めますと以下のようになります．

$l = 0\ (\lambda = 1)$：偶数項のみ　　$H_0(\xi) = c_0$　　　　　　　　　　　(6.98a)

$l = 1\ (\lambda = 3)$：奇数項のみ　　$H_1(\xi) = c_1 \xi$　　　　　　　　　　(6.98b)

$l = 2\ (\lambda = 5)$：偶数項のみ　　$H_2(\xi) = c_0(1 - 2\xi^2)$　　　　　　(6.98c)

$l = 3\ (\lambda = 7)$：奇数項のみ　　$H_3(\xi) = c_1(\xi - \dfrac{2}{3}\xi^3)$　　　　　(6.98d)

$l = 4\ (\lambda = 9)$：偶数項のみ　　$H_4(\xi) = c_0(1 - 4\xi^2 + \dfrac{4}{3}\xi^4)$　　(6.98e)

式 (6.98) で表される関数は，最初の係数を c_0 とし，係数 c_1 を適切に選ぶと，古くからよく知られているエルミート多項式と一致することがわかります．

固有関数およびエネルギーの決定

　以上のことを考慮しますと，固有関数 $\psi_n(x)$ は，式 (6.86) と式 (6.88) を用いて，次の式で表されます．

$$\psi_n(x) = A_n H_n\{(m\omega/\hbar)^{1/2} x\} e^{-(m\omega/2\hbar)x^2} \tag{6.99}$$

詳細は省略しますが，係数 A_n と H_n を多項式の間の直交条件と固有関数の規格化条件を使って決めると，固有関数（波動関数）$\psi_n(x)$ は次のように決まります．

$$\psi_n(x) = \left(\dfrac{1}{2^n!}\sqrt{\dfrac{2m\omega}{h}}\right)^{1/2} H_n(\xi) e^{-\xi^2/2} \tag{6.100a}$$

ここで変数の ξ は次の式で表されます．

$$\xi = \left(\dfrac{m\omega}{\hbar}\right)^{1/2} x \tag{6.100b}$$

6.7.4　解として得られる固有値と固有関数の物理的な意味と物性問題への発展

調和振動子のエネルギーもとびとびになる！

　次に，調和振動子のエネルギーについて考えましょう．エネルギー固有値 ε は変数変換のためにおき換えた式 (6.86) に含まれています．式 (6.86) からエネルギー ε を求めてみますと，次の式で与えられることがわかります．

$$\varepsilon = \dfrac{1}{2}\lambda\hbar\omega \tag{6.101}$$

この式の λ は式 (6.97) で与えられるので，λ を式 (6.101) に代入すると，エネルギー ε は次の式になります．

$$\varepsilon = \frac{2l+1}{2}\hbar\omega \quad (l=0,1,2,\cdots) \tag{6.102a}$$

エネルギー量子数には n が使われるのが慣例ですので，この式 (6.102a) の l を n におき換えますと，エネルギー ε は結局次の式で与えられます．

$$\varepsilon = (n+\frac{1}{2})\hbar\omega \quad (n=0,1,2,\cdots) \tag{6.102b}$$

したがって，調和振動子のエネルギー ε は，n の $0,1,2,\cdots$ に対応して $(1/2)\hbar\omega$，$(3/2)\hbar\omega$，$(5/2)\hbar\omega$，$\cdots$ と，とびとびの値になることがわかります．古典論においては調和振動子の全エネルギーは式 (6.82b) で与えられるのですが，ここで得られた式 (6.102b) のエネルギーを，古典論の全エネルギーの中の，式 (6.76b) で表される，位置のエネルギー $(1/2)m\omega^2 x^2$ と比較してみましょう．

そこで，図 6.23 に古典論と対比して，調和振動子のエネルギー ε を示しました．この図では，横軸に位置座標 x を，縦軸にエネルギー ε をとりました．古典論の位置のエネルギーは破線の放物線で示し，量子論のエネルギー（固有値）ε は太い実線を使い，横棒で表しました．図 6.23 において，太い実線の範囲が放物線の軌跡内に限られているのは，調和振動の振動範囲がこの範囲に限られるからです．

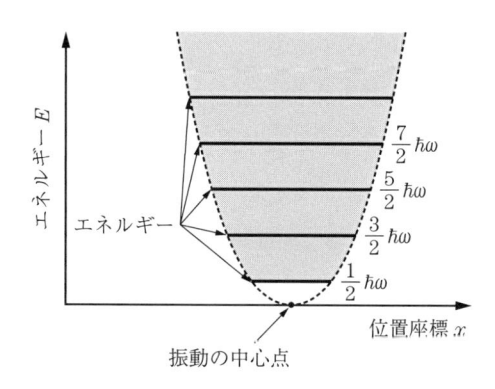

図 **6.23** 調和振動子のエネルギー（$h\nu = \hbar\omega$ の関係式が成り立つ）

最低のエネルギーが 0 でない不思議！

量子論のエネルギー ε には不思議なことが起こっていることがわかります．すなわち，量子論の調和振動子のエネルギー ε は最低のエネルギーが x 軸上にないので 0 にならないで，$(1/2)\hbar\omega$ になっているのです．また，調和振動子は最低のエネルギーの状態においても振動の範囲をもっています．

量子論のこの不思議な現象は，量子力学の基本概念と関係があります．といいますのは，量子力学ではハイゼンベルクの不確定性原理というものが基本原理の一つになっていますが，いま述べた調和振動子の不思議な現象は，不確定性原理と関係があります．

不確定性原理によると，電子や陽子などの量子の位置には（複合量子の原子もそうですが）位置座標の不確かさが常に存在していて，量子や原子の座標位置を一定の一か所に決めることができないからです．座標位置が決まらない量子（粒子）は，ある座標を中心にして振動するしかないのです．

固有関数の存在位置は調和振動子の振動範囲に限られる

最後に，調和振動子の固有関数について考えてみましょう．固有関数は波動関数と同じ意味ですから，調和振動子の波動関数といい換えますと，調和振動子の波動関数は式 (6.100a) で表されますが，代表的なものを図に描きますと図 6.24 に示すようになります．

図 6.24(a) は $n=0$ の場合の波動関数で，図 6.24(b) は $n=1$ の場合，そして，図 6.24(c) は $n=2$ の場合です．いずれの場合にも波動関数の存在範囲は

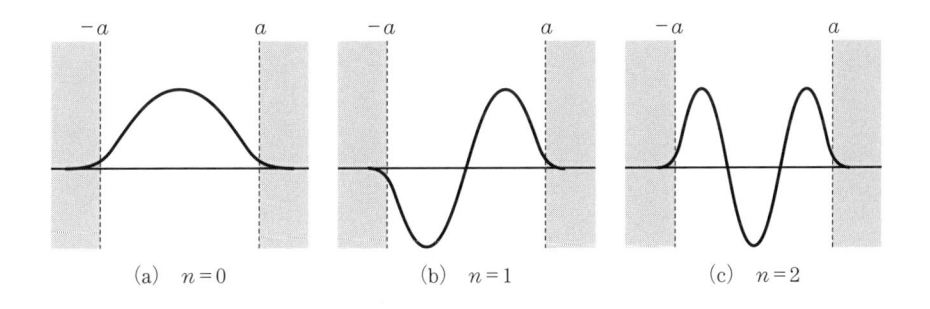

(a) $n=0$ (b) $n=1$ (c) $n=2$

図 **6.24** 調和振動子の波動関数．波動関数は振動範囲の $-a$ から a の範囲をわずかに越えて存在する．

調和振動子の振動のほぼ範囲内になっていますがわずかにはみ出します．ですから，図 6.24 に示す波動関数の範囲は調和振動子の最大振幅の $-a$ から a を少し越えているのがわかります．

調和振動から生まれたフォトンとフォノン

　量子力学の世界には（ということは，結局はこの世の中には）フォトンとフォノンとよばれる粒子（量子）があります．フォトンは光子，つまり光（の粒子）のことですから，一般にもよく知られていると思います．フォノンは日本語では音子とよばれますが，必ずしも知名度は高くないですね．

　実は，フォトンもフォノンも調和振動から生まれます．フォノンは電荷を持たない電気的に中性の粒子（原子）の振動によるものです．一方，フォトンは電荷をもった粒子（電子）の振動によるものなので，振動によって光（フォトン）が発生するのです．調和振動する運動は加速度を持っているからです．電子が加速度運動すると光を発生することは 6.4 節の水素原子の箇所ですでに説明しました．

　中性の粒子の振動の場合は，光は出ないのですが，音子（フォノン）を出すといわれているのです．フォノンは電気的に中性な原子の格子振動から発生します．この現象は素粒子論では，格子振動を量子化するとフォノンになるという風に説明されています．

　また，電子などの粒子は $\pm 1/2$ のスピンをもつ粒子で，フェルミオンですが，スピンが振動すると（つまり，電子が振動すると），磁性の元になるマグノンとよばれる量子が発生します．ですから，結局，電子が振動するとフォトンとマグノンが発生することになります．なお，素粒子論ではフォノンやマグノンは厳密には粒子ではないので，これらの量子が発生する状況は素励起とよばれています．

問　　題

6.1　物質の中には多くの電子が詰まっているが，内部の電子は物質の外に出ることはまずない．なぜであろうか？　わかりやすく説明せよ．

6.2　井戸型ポテンシャルのエネルギー障壁の高さが無限大でないときには，内部にある電子の波動関数が障壁の中まで入り込み，電子は外に飛び出すこともあるが，これはなぜか？

6.3 変数分離の操作の途中で導入した変数（定数）λ が $\lambda = l(l+1)$ という関係を満たし，λ の値は正の整数をもたなければならないことになる．これは数式上，また，物理的にはどういうことか？

6.4 調和振動子の問題にシュレーディンガー方程式を適用する途中で，次の微分方程式が得られる．

$$H''(\xi) - 2H'(\xi) + (\lambda - 1)H(\xi) = 0 \tag{6.90}$$

多項式 $H(\xi)$ が $H(\xi) = c_0 + c_1\xi + c_2\xi^2 + \cdots + c_l\xi^l + \cdots = \sum_{l=0}^{\infty} c_l\xi^l$ で表されるとして，$H''(\xi)$ と $H'(\xi)$ を計算して，λ と l の関係を導け．

6.5 調和振動子のハミルトニアンを使って，調和振動子の最低のエネルギーが $\hbar\omega/2$ であることはハイゼンベルクの不確定性原理（$\Delta p \Delta x \geq \hbar/2$ とせよ）に基づいていることを示せ（なお，$\hbar\omega = h\nu$ の関係がある）．

7 シュレーディンガー方程式を解くための基礎知識

　量子力学の問題を解くと，材料の導電性などさまざまな物質の性質を知ることができますが，そのためには（多数の）電子で構成される波動関数を使ってシュレーディンガー方程式を解く必要があります．そして，この方程式を解くには一定の規則があります．この章ではシュレーディンガー方程式を解くために最低限必要な基本的な事項について，簡単にわかりやすく説明します．

7.1　固 有 関 数

固有値方程式

　物理学の問題で基本になるのは，その問題（物理）の安定した一定の状態，つまり，定常状態です．ある物理現象が時間 t の変化と共に変化するならば，その現象は定常状態ではありません．時間 t が変化してもその状態が変わらずに一定に保たれる状態は定常状態とよばれます．

　シュレーディンガー方程式については 5 章で述べたように，時間に依存する方程式と時間に依存しない方程式があります．時間に依存しない定常状態の物理の課題を解くには，5 章の式 (5.8) で表される時間を含まないシュレーディンガー方程式を使って問題を解けばよいのです．

　ここでも 5 章の式 (5.8a) を使うことにしましょう．

$$\left\{-\frac{\hbar^2}{2m}\frac{\mathrm{d}^2}{\mathrm{d}x^2}+V(x)\right\}\psi(x)=\varepsilon\psi(x) \tag{5.8a}$$

この式の意味は波動関数 $\psi(x)$ にエネルギーの演算子 H を作用させたものが，波動関数 $\psi(x)$ にエネルギー ε（物理量）を掛けたものになるということです．ε は定数なので，式 (5.8a) を次の式のように書き表してみましょう．

$$\text{演算子} \times \text{波動関数}\,\psi(x) = \text{定数}\,\varepsilon \times \text{波動関数}\,\psi(x) \tag{7.A}$$

つまり，波動関数 $\psi(x)$ に演算子を作用させた式は，元の波動関数の定数倍になります．

波動関数と演算子の間に式 (7.A) で表されるような関係が成り立つ式は，固有値方程式とよばれます．だから，時間に依存しないシュレーディンガー方程式は固有値方程式になっているのです．実は固有値方程式は，量子力学が生まれる前からある物理学，つまり，古典物理学においても古くから知られていました．

固有関数，固有値

定常状態のシュレーディンガー方程式は固有値方程式になっているために，固有値方程式が一般に満たす性質と同じ性質が，シュレーディンガー方程式とその波動関数にも成り立ちます．

すなわち，固有値方程式を満足する関数は固有関数とよばれますので，シュレーディンガー方程式の波動関数は固有関数ともよばれます．そして，固有値方程式の右辺で波動関数に掛かる定数は固有値とよばれます．量子力学では，波動関数に作用させる演算子がハミルトニアン（エネルギーを演算化したもの）の場合には，この固有値はエネルギーになりますので，ハミルトニアンはエネルギー演算子ともよばれます．

量子力学の課題では，6 章で説明しましたように，エネルギー固有値を求めることは重要です．というのも，波動関数 $\psi(x)$ がある物理系の電子の状態を表しているとすると，この波動関数を使ったシュレーディンガー方程式を解いて得られる固有値が，その物理系の電子のエネルギーになるからです．

たとえば，6 章で量子力学の例題として扱いましたが，箱の中に閉じ込められた電子は特有なエネルギーをもち，そのエネルギーの値がどのようになるかとか，水素原子の中の電子がどのようなエネルギー（値）をもつかなどが重要であり，これらのエネルギーはすべてシュレーディンガー方程式を解いて得られる固有値です．

7.2 固有関数の規格化・直交性と固有関数の重ね合わせ，固有値の縮退

固有関数の重ね合わせ

　波動関数は確率振幅の波を表すと3章で述べました．このことと関係するのですが（理由は後でお話しします），波動関数は多くの波の重ね合わせになっているのです．

　たとえば，水素原子の中の一つの電子を考えてみますと，この電子は多くの（エネルギーの異なる）エネルギー準位の一つの状態に存在します．この電子の状態は多くの想定される電子の可能な状態の一つです．つまり，電子は多くの（エネルギーの異なる）エネルギー準位のいずれかに存在できる可能性があったのです．

　電子の波動関数は，このすべての状態をとり得る可能性を含んでいなくてはならないので，電子の波動関数は一般に多くの状態を表す個々の関数の重ね合わせた波動関数の和になるのです．これらの個々の関数はしばしば固有関数とよばれます．

　ですから，ある電子の各状態を表す各固有関数を $u_1(x)$, $u_2(x)$, $u_3(x), \cdots$, $u_n(x)$ とし，ある電子の全体の波動関数を $\psi(x)$ とすれば，$\psi(x)$ は次の式で表されます．

$$\psi(x) = c_1 u_1(x) + c_2 u_2(x) + c_3 u_3(x) + \cdots + c_n u_n(x) \tag{7.1a}$$

$$= \sum_{i=1}^{n} c_i u_i(x) \tag{7.1b}$$

この式の係数 c_n は存在確率を意味しますので，$\psi(x)$ は $u_n(x)$ のすべての存在を考えて，その存在確率を計算したものになっています．

　式 (7.1) のような関数列 $u_1(x)$, $u_2(x)$, $u_3(x), \cdots, u_n(x)$ は完全系とよばれます．完全系についてはコラム 7.1 に説明しました．また，次に説明しますが，各固有関数は完全直交関数系でなくてはならないのです．

　最初に述べた確率振幅の波と式 (7.1) の関係を説明しますと，次のようになります．すなわち，電子がどのような状態にあるかは確率で決まりますので，電子がある状態，たとえば，i 番目の $u_i(x)$ の状態にあるとしますと，この $u_i(x)$ の項のみが有限の値をもち，ほかの $u_n(x)$ の項はすべて 0 であったことになり

ます.

1個の電子を考えると，電子がある場所に半分あり，ほかの半分が別の場所にあるということはあり得ませんので，固有関数 $u_i(x)$ が規格化されているとしますと，$u_i(x)$ の値は 1 か 0 のいずれかで，1 と 0 の中間の値はあり得ません．規格化については次に説明します．

コラム 7.1　関数の完全系について

任意の関数，たとえば，$f(x)$ が無限大に発散しないで次の式

$$f(x) = a_1 u_1(x) + a_2 u_2(x) + a_3 u_3(x) + \cdots + a_n u_n(x) \quad \text{(C7.1)}$$

で表されるように，直交関数系の関数 $u_n(x)$ を使って線形結合によって展開できるならば，この直交関数系 $u_n(x)$ は完全系をつくっているといわれます．

規格化・直交性

波動関数の展開に使われる関数系 $\{u_n(x)\}$ は規格化・直交性の性質をもたなければなりません．ここでは，これについて説明します．まず，規格化とは式 (7.1a) の固有関数 $u_n(x)$ を使って考えますと，関数 $u_n(x)$ に適当な関数を掛けて調整した場合に，関数 $u_n(x)$ が次の関係式

$$\int_a^b |u_n(x)|^2 \mathrm{d}x = 1 \tag{7.2}$$

を満たすことです．つまり，関数の絶対値の二乗を積分して 1 になるとき，関数 $u_n(x)$ は規格化されているといわれます．

次に，直交性とは，式 (7.1a) で表される関数列 $u_1(x)$, $u_2(x)$, $u_3(x)$, $\cdots$, $u_n(x)$ の中の任意の二つ関数を $u_m(x)$ と $u_n(x)$ としますと，$u_m(x)$ と $u_n(x)$ が次の式で表されるように，関数の内積（コラム 7.2 参照）が 0 になるような関数同士の関係です．

$$\int_a^b u_n^*(x) u_m(x) \mathrm{d}x = 0 \tag{7.3}$$

ここで，$u_n^*(x)$ は $u_n(x)$ に複素共役な関数です．複素共役についてはコラム 7.2

7.2 固有関数の規格化・直交性と固有関数の重ね合わせ，固有値の縮退

> **コラム 7.2　関数の内積と複素共役について**
>
> 　関数の内積は次のように定義されています．関数 $u_n(x)$ を例に説明しますと，この関数 $u_n(x)$ に複素共役な関数 $u_n^*(x)$ と，もう一つの関数 $u_m(x)$ とを使って，これらの積 $u_n^*(x)u_m(x)$ を a から b まで積分した
>
> $$\int_a^b u_n^*(x)u_m(x)\mathrm{d}x \tag{C7.2}$$
>
> で表される定積分を考えます．この式 (C7.2) で表されるように関数の積を被積分項とした積分，この例では，関数 $u_m(x)$ と $u_n^*(x)$ の積の積分が関数の内積とよばれるものです．
>
> 　式 (C7.2) で使われている複素共役は次のように説明されます．たとえば，c を複素数だとしますと a, b を実数とし，i を虚数単位として c は $c = a + ib$ で表されます．すると，c に対して複素共役な数は，記号 c^* で表され，$c^* = a - ib$ となります．また逆に，c^* に対して複素共役な関数は c となります．だから，c と c^* はお互いに複素共役な関係にあります．以上の説明からわかりますように，関数を $u_n(x)$ としますと，これに複素共役な関数は $u_n^*(x)$ と表されるのです．

で説明します．この式 (7.3) のように二つの関数の積の積分値が 0 になることを関数の直交性というのです．ですから，この場合 $u_n^*(x)$ と $u_m(x)$ は関数の直交性を満たしています．

　さて，本題の関数の規格化・直交性ですが，上に述べましたように，規格化と直交性は別の概念を表していますが，規格化・直交性という風にまとめて表現されることもしばしばです．これには理由があって，関数の規格化・直交性が，コラム 7.3 に示すクロネッカーの δ（デルタ）という記号を使うと，次のように，まとめて表すことができるからです．

$$\int_a^b u_n^*(x)u_m(x)\mathrm{d}x = \delta_{nm} \tag{7.4}$$

波動関数 $\psi(x)$ は上に述べたように，このように規格化・直交性の性質をもった関数列 $u_1(x), u_2(x), u_3(x), \cdots, u_n(x)$ を用いて展開できなければなりませ

ん．その結果として，波動関数は式 (7.1) に示すように，これらの性質をもつ固有関数の重ね合わせ（一次結合）となっているのです．

コラム 7.3　クロネッカーのデルタ記号

数字の 0 と 1 を表す便利な記号にクロネッカーのデルタ記号というものがあります．この記号は δ_{nm} と書かれ，$n = m$ のとき 1 を表し，$n \neq m$ のとき 0 を表す記号です．式で表すと次のようになります．

$$\delta_{nm} = \begin{cases} 1 & (n = m) \\ 0 & (n \neq m) \end{cases} \tag{C7.3}$$

固有値の縮退

量子力学には縮退という現象があります．いま，三辺が a, b, c の立方体の原子構造の中に電子が存在しているとすると，その電子のエネルギーは三辺の a, b, c の値が異なれば，異なったエネルギーをもつようになります．しかし，a, b, c の値がすべて同じであって，その構造に対称性があれば電子のエネルギーも同じになり，エネルギーは一つになります．このような状態はエネルギーが縮退しているといわれます．ですから，縮退とは，二つ以上の物理現象の状態が対称性をもつことなどにより，同一の物理状態をもつときに起こる現象のことです．

量子力学では，物理量の演算子（物理量を演算子化したもの）H の一つの固有値 ε に対して，次の式

$$Hu_i(x) = \varepsilon u_i(x), \qquad Hu_k(x) = \varepsilon u_k(x) \tag{7.5}$$

で表されるように複数の固有関数 $u_i(x)$ と $u_k(x)$ が存在するとき，その固有値は縮退しているといわれます．

固有値が縮退しているときは複数の固有値が重なっているのです．重なっている個数が 2 個なら二重の縮退で，g 個ならばその縮退は g 重の縮退といわれます．しかし，縮退している固有値も，もしも，何らかの方法で物理現象の状

態の対称性が破られれば，縮退が解けて各々の固有関数に対して別々の固有値が現れます．この現象は縮退している物理状態に特定の一方向に磁界や電界が加えられたときに起こります．

7.3 電子の存在確率の計算

7.2 節で固有関数の重ね合わせについて述べたときに，波動関数は確率振幅の波の関数であることと関係して，波動関数は多くの波の重ね合わせになっていると説明しました．このことを明確に示すために，ここで電子の存在確率を計算してみましょう．電子の存在確率の計算には固有関数で展開した波動関数 $\psi(x)$ を使いますが，ここでは $\psi(x)$ の変数を x から r に変えて $\psi(r)$ とし，これを電子の波動関数として電子の存在確率を計算することにします．

まず，ある電子の存在確率はその電子の波動関数 $\psi(r)$ とこれに複素共役な波動関数 $\psi^*(r)$ の積で表され，波動関数の絶対値の二乗 $|\psi(r)|^2$ になります．

さて，電子の波動関数 $\psi(r)$ に複素共役な波動関数 $\psi^*(r)$ は式 (7.1a) の変数 x を r に変更した固有関数 $u_n(r)$ と係数 c_m に複素共役な固有関数 $u_m^*(r)$ と c_m^* を使って次の式で表されます．

$$\psi^*(r) = c_1^* u_1^*(r) + c_2^* u_2^*(r) + c_3^* u_3^*(r) + \cdots + c_m^* u_m^*(r) \tag{7.6a}$$

$$= \sum_{m=1} c_m^* u_m^*(r) \tag{7.6b}$$

したがって，x を r に変更した式 (7.1b) と式 (7.6b) を使うと，$\psi(r)$ と $\psi^*(r)$ の積は次のようになります．

$$\psi^*(r)\psi(r) = \left\{\sum_{m=1} c_m^* u_m^*(r)\right\}\left\{\sum_{n=1} c_n u_n(r)\right\} \tag{7.7}$$

そして，電子の存在確率は $\psi(r)$ と $\psi^*(r)$ の積を三次元にわたって積分し，次の式

$$\iiint \psi^*(r)\psi(r)\mathrm{d}r = \iiint \sum_n \sum_m c_m^* c_n \cdot u_m^*(r) u_n(r) \mathrm{d}r \tag{7.8}$$

で表されます．式 (7.8) の右辺を計算しますと，$\sum_n \sum_m c_m^* c_n$ は一定の数で表される係数ですので，積分記号の外に出すことができ，式 (7.8) は次のようになります．

$$\iiint \sum_n \sum_m c_m^* c_n \cdot u_m^*(\boldsymbol{r}) u_n(\boldsymbol{r}) \mathrm{d}\boldsymbol{r}$$
$$= \sum_n \sum_m c_m^* c_n \iiint u_m^*(\boldsymbol{r}) u_n(\boldsymbol{r}) \mathrm{d}\boldsymbol{r} \tag{7.9}$$

ここで，$u_m^*(\boldsymbol{r})$ と $u_n(\boldsymbol{r})$ の規格化・直交性を使うと，この式 (7.9) の三重積分の値は次のようになります．

$$\iiint u_m^*(\boldsymbol{r}) u_n(\boldsymbol{r}) \mathrm{d}\boldsymbol{r} = \delta_{nm} \tag{7.10}$$

したがって，式 (7.8) の右辺の式は，結局，次のように簡単な式になります．

$$\iiint \psi(\boldsymbol{r}) \psi^*(\boldsymbol{r}) \mathrm{d}\boldsymbol{r} = \sum_n \sum_m c_m^* c_n \delta_{nm} \tag{7.11a}$$
$$= |c_1|^2 + |c_2|^2 + |c_3|^2 + \cdots + |c_n|^2 + \cdots \tag{7.11b}$$
$$= 1 \tag{7.11c}$$

なお，係数 c_n^*, c_n はお互いに共役関係にある複素数ですから，$c_n = a_n + ib_n$ としますと，c_n^* は $c_n^* = a_n - ib_n$ となるので，$|c_n|^2 = |a_n|^2 + |b_n|^2$ となります．

ここで少し説明を加えますと，式 (7.10) は $u_m^*(\boldsymbol{r})$ と $u_n(\boldsymbol{r})$ が三次元の関数の場合の規格化・直交性を表す式です．また，式 (7.11b) を簡単に $|c_1|^2$, $|c_2|^2$, $|c_3|^2, \cdots, |c_n|^2$ の加算としたのは，式 (7.11a) から式 (7.11b) への演算では c_n と c_m の内積は $n = m$ のときだけ値が存在し，それ以外の $n \neq m$ のときは値が 0 になり，存在しないからです．また，この $n = m$ のときは $c_m^* = c_n$ なので $c_m^* c_n = |c_n|^2$ などとなることも使っています．

$|c_1|^2$, $|c_2|^2$, $|c_3|^2, \cdots, |c_n|^2$ は，それぞれ固有関数が $u_1(\boldsymbol{r})$, $u_2(\boldsymbol{r})$, $u_3(\boldsymbol{r}), \cdots$, $u_n(\boldsymbol{r})$ の状態のときの電子の存在確率を表します．電子の存在確率が 1 になったのは電子はどこかの状態に存在しているからです．

7.4　期　待　値

古典論の期待値

　期待値という言葉は一般にも使われていて，ある現象が平均的に起こることが期待される割合のことで，平均値，予想値などともよばれています．量子力

学でも期待値が問題になります．ここでは，一般的な例を見ながら量子論の期待値を考えてみましょう．

たとえば，サイコロを振ったときどんな数字が出るかについて考えてみましょう．1 が出るか 6 が出るかは確率で決まりますが，平均の値としてはどんな値が期待できるか計算してみましょう．

ここでは，次に述べる量子論の期待値と後で比較するために，まずは一般論を考えることにして，サイコロを振って f_1 の目が出る確率が p_1，f_2 の出る確率が p_2，f_3 の出る確率が p_3，などとします．（f_1, f_2, f_3 はサイコロでは 1, 2, 3 などの目の数です）すると，サイコロを振ったとき出る目の数の予想値（平均値）は，サイコロの目の数にそれぞれが起こる確率を掛けて，一般的な式として表すと次の式になります．

$$p_1 f_1 + p_2 f_2 + p_3 f_3 + \cdots = \sum_{i=1}^{6} p_i f_i \tag{7.12}$$

サイコロの場合は，どの目の出る確率も同じで $p_1 = p_2 = p_3 = \cdots = 1/6$ です．そして，サイコロの目は 6 個で，$f_1 = 1$, $f_2 = 2$, $f_3 = 3$, $f_4 = 4$, $f_5 = 5$, $f_6 = 6$ となりますので，出る目の数の期待値は，式 (7.12) を使って計算すると，$(1/6)(1+2+3+4+5+6)=3.5$ となり，サイコロを一回振ったときに出る目の期待値は，簡単に 3.5 と求めることができます．

量子力学の期待値

次に，量子力学の期待値に移りましょう．ある現象が起こるとき，この現象の物理量を演算化したものが F であるとしますと，古典論で平均値に相当するものが期待値になります．そして，量子力学では期待値は記号 $\langle F \rangle$ で表されますので，この記号を使いますと，期待値 $\langle F \rangle$ は演算子 F を使って，次の式で表されると定義されています．

$$\langle F \rangle = \int \psi^*(\boldsymbol{r},t) F \psi(\boldsymbol{r},t) \mathrm{d}\boldsymbol{r} \tag{7.13}$$

ここでは，三次元の位置の表示に $\boldsymbol{r}$ を使い，積分記号には三次元の積分を表す記号として簡略化して一重積分の積分記号 $\int$ を使いました．また，式 (7.13) の $\psi(\boldsymbol{r},t)$ は考えている物理現象の波動関数で，$\psi^*(\boldsymbol{r},t)$ は $\psi(\boldsymbol{r},t)$ に複素共役な波動関数です．

ここで，式 (7.13) の積分計算について一つ説明を加えておきます．というのは，この式の演算にとまどう人も多いからです．式 (7.13) において，積分記号の中の式は，$\psi^*(\boldsymbol{r},t)F\psi(\boldsymbol{r},t)$ となっていますが，演算するときに，積の順序を変えて $F\psi^*(\boldsymbol{r},t)\psi(\boldsymbol{r},t)$ として積分計算しては駄目なのです．

4 章で述べた演算子のことがよく理解できている読者には説明の必要がないのですが，F は演算子ですから，いってみれば，微分記号のようなものです．ですから，演算子 F が波動関数 $\psi(\boldsymbol{r},t)$ の直前にきて $F\psi(\boldsymbol{r},t)$ となっていれば，これは F と $\psi(\boldsymbol{r},t)$ の単なる積ではなくて，$\psi(\boldsymbol{r},t)$ に F の指定する操作が施されますので，この操作によって波動関数 $\psi(\boldsymbol{r},t)$ は別の関数に変わります．

この $\psi(\boldsymbol{r},t)$ の変化した関数と $\psi^*(\boldsymbol{r},t)$ の積が，式 (7.13) の被積分項になっているのです．ところが，たとえば $F\psi^*(\boldsymbol{r},t)\psi(\boldsymbol{r},t)$ と F の位置を変えると，今度は $\psi^*(\boldsymbol{r},t)$ が別の関数に変わり，$\psi(\boldsymbol{r},t)$ は元のままで変わりませんので，積分した値はまったく別のものになってしまいます．ですから，こんな変更をしては式 (7.13) の計算は誤った値になってしまいます．

期待値の計算例：ある物理量の期待値

さて，脱線はこれくらいにして期待値の計算に移りましょう．ここでは，ある物理量の期待値を考えてみることにします．そして，波動関数として $\psi(\boldsymbol{r},t)$ を使うことにし，この物理量を演算子化したものを F とすることにします．また，時間の経過によってこの物理量はいろいろな状態をとることができるとして，係数 c_n を時間の関数とし，物理量の各状態を表す固有関数を $u_n(\boldsymbol{r})$ として，固有値を f_n とすることとします．

コラム 7.4　期待値の式の導出

本文に書いたように，考えている物理量はいろいろな状態をとることができるので，波動関数 $\psi(\boldsymbol{r},t)$ の固有値を ε_f とし，各状態の電子を表す固有関数を $u_n(\boldsymbol{r})$，固有値を f_n とすると，波動方程式，および固有関数を $u_n(\boldsymbol{r})$ とする固有値方程式は，それぞれ次の式

$$F\psi(\boldsymbol{r},t) = \varepsilon_f \psi(\boldsymbol{r},t) \tag{C7.4}$$

$$Fu_n(\boldsymbol{r}) = f_n u_n(\boldsymbol{r}) \tag{C7.5}$$

で表されます．また，ある物理量の波動関数 $\psi(\boldsymbol{r},t)$ は，この物理量がとり得るいろいろな状態の重ね合わせで表されるので，すでに説明したように，波動関数 $\psi(\boldsymbol{r},t)$ は次のように

$$\psi(\boldsymbol{r},t) = c_1(t)u_1(\boldsymbol{r}) + c_2(t)u_2(\boldsymbol{r}) + \cdots + c_n(t)u_n(\boldsymbol{r}) + \cdots \tag{C7.6a}$$
$$= \sum_n c_n(t)u_n(\boldsymbol{r}) \tag{C7.6b}$$

と固有関数の一次結合で展開できます．ここで，$c_1(t)$ は係数で，これを時間 t に依存して変わる係数として，時間 t の関数とすることにしました．

また，この波動関数に複素共役な関数の $\psi^*(\boldsymbol{r},t)$ も，同様に次の固有関数の一次結合の式になります．

$$\phi(\boldsymbol{r},t) = c_1^*(t)u_1^*(\boldsymbol{r}) + c_2^*(t)u_2^*(\boldsymbol{r}) + \cdots + c_m^*(t)u_m^*(\boldsymbol{r}) + \cdots \tag{C7.7a}$$
$$= \sum_m c_m^*(t)u_m^*(\boldsymbol{r}) \tag{C7.7b}$$

ここで，$c_m^*(t)$ と $u_m^*(\boldsymbol{r})$ はそれぞれ，$c_m(t)$ と $u_m(\boldsymbol{r})$ に複素共役な係数と固有関数です．添字に使う記号として波動関数 $\psi(\boldsymbol{r},t)$ を展開する場合には n を使いましたが，以下の演算での混乱を避けるため，複素共役な波動関数 $\psi^*(\boldsymbol{r},t)$ の展開の場合には m を使います．

ある物理量の期待値は式 (7.13) に，式 (C7.1b) と (C7.7b) を代入して計算すると得られます．期待値の表示は慣例で演算子 F を $\langle\ \rangle$ ではさみ，$\langle F \rangle$ で表されます．そして，次の式

$$\langle F \rangle = \sum_n \sum_m c_m^*(t)c_n(t) \int u_m^*(\boldsymbol{r}) F u_n(\boldsymbol{r}) \mathrm{d}\boldsymbol{r} \tag{C7.8}$$

となります．

すると，コラム 7.4 で説明したように，ある物理量 F の期待値 $\langle F \rangle$ は，期待値の一般式 (7.13) に従ってコラム 7.4 の式 (C7.8) を使うことにより，次の式で表されます．

$$\langle F \rangle = \sum_n \sum_m c_m^*(t) c_n(t) \int u_m^*(\boldsymbol{r}) F u_n(\boldsymbol{r}) \mathrm{d}\boldsymbol{r} \tag{7.14}$$

ここでは，コラム 7.4 の式 (C7.8) を式の番号を変更して式 (7.14) としました．この式 (7.14) は 7.3 節に述べた電子の存在確率の計算で使った式 (7.8) とよく似ていますので，このときの演算が参考になります．

式 (7.14) の積分記号の中の $u_n^*(\boldsymbol{r}) F u_m(\boldsymbol{r})$ は，コラム 7.4 の式 (C7.5) の関係を使うと，

$$u_m^*(\boldsymbol{r}) F u_n(\boldsymbol{r}) = u_m^*(\boldsymbol{r}) f_n u_n(\boldsymbol{r}) = f_n u_m^*(\boldsymbol{r}) u_n(\boldsymbol{r}) \tag{7.15}$$

と書けます．なぜなら，f_n は固有値で定数ですから $u_m^*(\boldsymbol{r})$ と f_n の積の順序を変えてもよいからです．したがって，式 (7.15) の関係を使って，期待値 F を表す式 (7.14) は次のように書き換えることができます．

$$\langle F \rangle = \sum_n \sum_m c_m^*(t) c_n(t) f_n \int u_m^*(\boldsymbol{r}) u_n(\boldsymbol{r}) \mathrm{d}\boldsymbol{r} \tag{7.16}$$

ここで，7.3 節で述べた電子の存在確率のときと同じように，固有関数の規格化・直交性の関係を使いますと，n の値が m に等しいときだけ，積分値 $\int u_m^*(\boldsymbol{r}) u_n(\boldsymbol{r}) \mathrm{d}\boldsymbol{r}$ は，その値が 1 となって存在できます（式 (7.4) 参照）ので，物理量の期待値 F は次のように簡単な式になります．

$$\langle F \rangle = \sum_n |c_n(t)|^2 f_n \quad (n = m) \tag{7.17}$$

この式 (7.17) では $|c_n(t)|^2$ は物理量の各状態の確率を表すので，古典論の式 (7.12) における確率 p_i と同じだと考えれば，ここで得られた式 (7.17) で表される量子力学の期待値は，古典論の予想値（式 (7.12)）と同じようになることがわかります．

7.5　波動関数の備えるべき性質と境界条件

波動関数の備えるべき性質

量子力学で使われる波動関数の最大の特徴は，それが電子などの実在確率を表すということです．すなわち，量子力学の波動関数は実在する実体のある物

理量を表しているわけではないですが，実在の物理量を反映するものでなければなりません．

このために量子力学の波動関数は全空間で一価の連続関数になっており，かつ，無限遠において十分速やかにその値が 0 に収束しなければならないのです．つまり，波動関数は常に有限でなくてはならないのです．

ですから，普通の状態においても無限大に発散しないことはもちろんのこと，無限遠においても波動関数の値が無限大に発散してはならないのです．その結果として要求されるのですが，波動関数は第一に絶対値の二乗が積分可能でなくてはならないのです．

波動方程式を解くには境界条件が必要ですが，量子力学に特有な境界条件とは？

シュレーディンガー方程式は一つの微分方程式ですから，普通の微分方程式を解く場合と同じように，シュレーディンガー方程式を解くにも境界条件が必要です．境界条件としては次の二つの条件を満たすことが求められます．

(1) **境界において波動関数が連続である．**この意味は，波動関数は存在する空間の境界を含む全領域においてなめらかな連続関数であり，波動関数は 1 回（1 階）微分が可能でなければならないということです．
(2) **境界において波動関数の 1 回（1 階）微分（すなわち，波動関数の導関数）も連続である．**この意味は，波動関数の導関数も連続関数であり，これが微分可能，すなわち，波動関数が 2 回（2 階）微分可能でなければならないということです．

これらの (1) と (2) の境界条件は，波動関数に課せられた物理的な要請に由来しています．まず (1) の条件は波動関数の 1 階（偏）微分 ($-i\hbar \partial/\partial x$) は，4 章で説明しましたように，運動量の演算子になっています．（正確にはこれは運動量の x 成分の演算子で，運動量の演算子は三次元で表すと $-i\hbar \Delta$ となります）．ですから，運動量が存在するためには，波動関数は 1 回微分可能でなくてはならないのです．

また，(2) の条件は波動関数の 2 回（2 階）微分 ($-\hbar^2 \partial^2/\partial x^2$) は，これもすでに 4 章で説明したように，運動エネルギーの演算子になります．運動エネルギーが存在しなくては困りますので波動関数は 2 回まで微分可能でなくては

ならないのです．

　量子力学では，このように物理的な要請から境界条件が決まっており，量子力学に特有なことです．

7.6　量　子　数

量子化と量子，および量子数

　最初に述べたように，プランクによって光のエネルギーがとびとびの値をとることが発見されましたが，このことから量子力学の元となる量子論が始まっています．というのはそれまでの物理学，つまり，物理学の古典論では，エネルギーは連続的に変化し，あらゆる値をとり得る物理量だったからです．

　その後，とびとびの値をもつ物理量はエネルギーだけではなく，いくつかの物理量で発見されました．これは大変なことだったのです．なぜなら，古典論ではエネルギーに限らず，物理量は連続的に変化すると考えられていたからです．ですから，ここで，物理学に大きな変革が起こったわけです．

　当時驚きをもって発見された，とびとびの値をもつ性質があることがわかった物理量に，原子の中の電子の（軌道）エネルギー ε があります．いま，係数を K としますと，電子の（軌道）エネルギー ε は次の式で表されることがわかったのです．

$$\varepsilon = Kh^2 n^2 \quad (n = 1, 2, 3, \cdots) \tag{7.18}$$

その後，電子の（軌道）エネルギーのほかにもとびとびの値をもつ物理量が次々と発見されました．そして，とびとびであることを表す整数として n だけ使っていたのでは紛らわしいので，整数に n 以外の記号も使われるようになってきたのです．

　以上は歴史的な事実だけを述べたのですが，この経過の中で，物理量がとびとびの値をとるという考え，つまり，量子論的な考え方を体系化する本格的な量子論が始まりました．とびとびの値をもつ粒子，この中には光子（光），電子，陽子，中性子などがありますが，このように原子よりもさらに小さい基本的な粒子は量子とよばれるようになりました．

　そして，物理量がとびとびの値しかとることが許されない場合には，この物理量は量子化されていると定義されました．そして，量子化した物理量を表す

ために使われる n のような整数が量子数と名づけられたのでした.

いろいろな量子数

量子数は 0 から 1, 2, 3, と増加する整数で表されますが,量子力学で使われる量子数には,n のほかに j,l,m などいろいろあります.たとえば,j,l,m などは,角運動量に関する量子数で,角運動量はエネルギーの次に,とびとびであることが明らかになった物理量です.

全角運動量を表す量子数には j が使われ,角運動量の方位を表す量子数には方位量子数として l が使われました.角運動量の z 成分は磁気能率に関係しますので,この量子数には磁気量子数として m が使われました.なお,量子数 n はエネルギーを表す量子数なので主量子数とよばれます.

また,電子は 8 章で説明しますように,スピンというものをもっています.スピンは,古典論でいうところの自転に対応するものですが,量子力学のスピンは量子論的な現象ですので,自転そのものではありません.スピンについては後で説明しますが,実は,スピンにも量子数があります.これはスピン磁気量子数とよばれ,m_s で表されます.

問　題

7.1 いま,1 個の電子があるとします.この電子はいろいろな状態をとり得るとして,それらの状態にある電子の固有関数を $\phi_1, \phi_2, \phi_3, \cdots, \phi_n$ とし,それぞれの係数を $c_1, c_2, c_3, \cdots, c_n$ とするとき,電子の波動関数 $\Psi(x,t)$ はどのようになるか？

7.2 物質のエネルギー(準位)は複数の準位が重なっている場合がある.しかし,物質の対称性が破れるとエネルギーが分離される現象がある.物質の対称性を壊し,エネルギー準位の重なりを解くには,物質にどのような処理を施せばよいか？

7.3 波動関数 $\Psi(x,t)$ に限らず,関数 $f(x)$ がその存在範囲で滑らかに連続する関数の形であるためには,どのような条件が必要か？　関数 $f(x)$ が $1/x$ の場合について,x の範囲を $-1 < x < 1$ として説明せよ.

7.4 波動関数は確率の性質をもっているといわれている.このことを,空間に存在する 1 個の電子を例にとって説明せよ.

8 知っておきたい話題

この章では少しアドバンストな量子力学のお話をします．それらは，スピンの正体，二つの基本粒子であるフェルミオンとボソン，およびディラックのデルタ関数などで知られるディラックの話です．これらの三つの話題はアドバンストな問題だといっても基本的なことばかりですので，やさしく，かつ面白く解説します．そして，この章では数式はできるだけ使わないで説明することにします．

8.1 スピンの誕生とスピンの正体

スピンは自転によって発生するというが…？

2章でスピンの簡単な説明をしましたが，そのときの説明では，スピンは電子の自転であるとだけ述べました．しかし，考えてみると，電子が自転する必要がなぜあるのでしょうか？ また，電子の自転などということがどのようにして発見されたのでしょうか？

電子の形は肉眼ではもちろんのこと，電子顕微鏡を使っても観察することはできないのです．電子のスピンについては不思議なことが一杯あります．この節では，最後の 8.5 節も含めてスピンを最初から考えていきましょう．

パウリの抱いた疑問

ボーアたちが花々しく展開した前期量子論では，原子の中の電子は，図 8.1 に示すように，原子核の周りに規則正しく別々の軌道に分布していると提案されました．水素原子では原子番号が 1 なので，電子は 1 個ですが，原子番号が 1 より大きくなりますと，図 8.1 に示すように，原子番号の数と同じだけの多数の電子があることになります．

しかも，原子の中の電子は各軌道に存在するだけでなしに，図 8.1 に示すよ

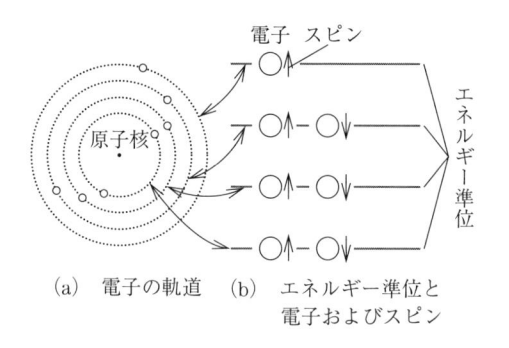

(a) 電子の軌道　(b) エネルギー準位と電子およびスピン

図 **8.1**　原子の中の電子の分布

うに，各軌道に並ぶ電子の数は 2 個ずつに制限されるというのです．同じ軌道には 2 個以上の電子は入らないのです．パウリはこの話を聞いて不思議でなりませんでした．

電子のエネルギーについては，2 章で説明したように，原子核の近くの軌道にある電子のエネルギーが小さく，原子核から離れると軌道にいる電子のエネルギーは大きくなると説明しました．ですから図 8.1 の中心から離れた半径の大きな軌道に存在する電子はエネルギーが大きいはずです．

パウリには，この電子の分布が不思議でなりませんでした．外側の軌道にいる電子がなぜ内部の一つの軌道に集まらないのだろうか，と疑問に思ったのです．なぜかといいますと，電子は内部の軌道に存在する方がエネルギーが小さいわけですから，エネルギー的に安定なはずだからです．ですから，図 8.1 に示す電子の分布はエネルギー的には不自然極まりないのです．なぜこんなエネルギー的に不自然なことが起こるのか，とパウリは不思議に思ったのです．

電子は一つの物理状態にはただ 1 個しか存在できない！

疑問をもったパウリは四六時中このことを考えたといわれます．散歩の途中でも考え込んでいて，知り合いの人が挨拶しても気づかずパウリが何の反応もしなかったために，知人たちも'変な人'と思ったという話まで伝わっています．

しかし，考え抜いたパウリはある日，一つの考えにたどり着きました．それは，'電子などの原子の中にある粒子は，一つの状態には一つの粒子しか存在で

きないのではないか' というアイデアです．これこそが，1923年にパウリによって提案されたパウリの排他原理（または排他律）です．この原理では '一つの物理状態には同じ種類の粒子はただ一つしか存在できない' となっています．

しかし，そうだとしますと，図8.1に示すように，電子軌道に2個ずつの電子が存在しているのは異常なことになります．これでは，原子内での電子の分布状況はパウリの排他律に違反しているのではないか，ということになりそうです．

パウリの仮説は正解だった！

この疑問にパウリは「二つの電子が同じでなければよいではないか．二つの電子はきっと同じではないのですよ！」と強弁しました．「本当だろうか？」「そんなことがあるのだろうか？」ということで，当時の科学者たちは，必死でこのことを調べ始めました．

その結果，1926年ウーレンベック（G. E. Uhlenbeck）とハウトシュミット（G. A. Gaudsmit）が '電子は自転している' という考えを提案したのです．きっかけはNa原子の発するスペクトルでした．Naのスペクトルには D 線というのがありますが，このNa-D線が磁場（磁界）を加えなくても，詳細に調べると2本に分離していることが発見されたことです．これには背景がありまして，対称性の高い原子構造の物質では，この物質から発する光の中で，2本であってしかるべきスペクトルが1本に重なっていますが，この物質に磁場などを加えると対称性が破れてスペクトルは2本に分離することがわかっていたのです．

しかし，Na-D線の場合には磁場も何も加えないのに，スペクトルを精密に調べてみると，元々わずかに2本に分離していたのです．この現象を説明するために，つまりNa-D線が二本に分離して観測される事実を説明するために，ウーレンベックとハウトシュミットは電子の自転モデルを提案したのでした．

その後，シュテルン（Otto Stern）とゲルラッハ（Walther Gerlach）が，電磁石でつくった不均一な磁界のトンネルの中を銀粒子のビームを通過させて観察し，ビームが上下2本に分離する現象を発見して，電子が2種類の磁気モーメントをもっていることを突き止めたのです．

このシュテルンとゲルラッハの発見が電子のスピンを証拠立てるものになったのでした．そして，電子には2種類のスピンが存在するとともに，スピンの異なる電子は同じものではないことがわかったのです．つまり，電子は二種類

あることが判明して，同じ一つの軌道になぜ2個の電子が存在するかについての，パウリの強引な説明は妥当であることがわかったのでした．

8.2　スピンの性質と粒子のスピン

すべての量子はスピンをもっている

電子や陽子，中性子など物質を構成する量子はすべてスピンをもっていますが，これらのスピンはプラス 1/2 またはマイナス 1/2 の半整数のスピンです．そして，フォトン（光子）やフォノン（音子）もスピンをもっていますが，これらの量子のスピンは 0 を含む整数のスピンです．

実は，これから述べるフェルミオン（フェルミ粒子）のスピンはすべて半整数で，ボソン（ボース粒子）のスピンは整数なのです．ですから，次の 8.3 節で説明するように電子はフェルミオンで，フォトンはボソンなのです．

スピンが s ならばスピン角運動量は $s\hbar$ である

スピンは記号 s で表されます．スピンの半古典的な解釈ではスピンは電子の角運動量ということになります．ですから，スピンは角運動量スピンともよばれます．そして角運動量は s に $\hbar$ を掛けて $s\hbar$ で表されます．

8.3　フェルミオンとボソン

自然界には二種類の粒子がある！

すべての基本粒子は二種類に大別されます．そして，二種類の基本粒子はフェルミオン（フェルミ粒子）およびボソン（ボース粒子）とよばれます．フェルミオンとボソンの名称は，フェルミオンの代表である電子の統計について詳しく研究したフェルミと，ボソンの代表であるフォトン（光子），すなわち光の統計について詳しく研究したボースに由来しています．

そして，多くのフェルミオンで構成される原子などの複合粒子もフェルミオンの性質をもっています．ですから，自然界に存在するすべての粒子はフェルミオンかボソンのいずれかの仲間であるといえます．

したがって，フェルミオンとボソンは，ある意味では物理学の基本中の基本ということになります．しかし，現状では，これらの粒子は中学校や高等学校

では習いません．なぜか大学に入学してから，それもシュレーディンガー方程式や量子力学の講義を受講して初めて知るようになっています．

　フェルミオンとボソンは，スピンの量子数を使って明確に区別されます．すなわち，量子数が半整数のスピンをもつ量子はフェルミオンで，0 を含む整数のスピンをもつ量子はボソンです．また，次のような区別もあり，物質を構成する量子はフェルミオンで，物質の構成要因の量子ではなく，量子間の相互作用に関与する量子がボソンとなっています．

'もの' に大きさがあるのは 'もの' がフェルミオンでできているから

　'もの' に大きさがあるのは，パウリの排他律があるためであるとよくいわれます．ちょっと聞くと変に思えるのですが，よく考えるとこのようにいわれるのは，変でも何でもなく妥当であることがわかります．

　まず，ここで 'もの' の大きさとパウリの排他律の関係について考えてみましょう．パウリの排他律では，同じ種類の粒子は同じ物理状態に同時に存在することができないことになっています．多くのフェルミオンで構成されている原子は複合したフェルミオンの粒子ということになりますが，原子も 1 個のフェルミオンと同じように，同じ位置には 1 個だけしか存在できません．

　別の原子が，元から原子が存在するその同じ場所に存在位置を占めることはできません．最初の原子と接近した位置を占めるにしても，その場所は最初の原子の位置とは別の場所でなければなりません．原子はパウリの排他律のために全く同じ場所に重なって存在することはできないのです．ですから，原子がたくさん集まりますと，多数の原子の塊のサイズは 1 個の原子のサイズよりも必然的に大きくなります．

　全く同じ場所に原子が重なって存在できるのであれば多数の原子の塊も 1 個の原子のサイズと同じになります．しかし，こんなことは多数のフェルミオンでは起こり得ません．こうして原子が多く集まって 'もの' のサイズが生じることになります．ですから，'もの' に大きさが生じるのは，ものが多数のフェルミオンの塊だからということになりそうです．

光の塊はブラックホールに似ている！

　実は，パウリの排他律はフェルミオンにだけ適用される基本原理で，ボソンには適用できないのです．ですから，ボソンは同じ場所にいくらでも詰め込む

ことができます．このことが実用的に行われているのがレーザー光の集光です．ですから，レーザー光はいくら多くの光がさらに加わっても，光の束のサイズは大きくなりません．この現象が利用されて，多くのレーザー光が1箇所に集められ，きわめて密度の高い，強力なレーザー光がつくられています．ボソンの塊は，宇宙空間において近くに存在するものをなんでも飲み込んで，しかも，その大きさが変わらないブラックホールに似ています．

　なお，電子の統計については8.4節および8.5節で登場するディラックも詳しく研究したので，電子の量子統計はフェルミ統計の呼び名のほかに，フェルミ–ディラック統計ともよばれます．また，光の統計についても，ボースのほかにアインシュタインも大きな寄与をしたので，光の統計はボース–アインシュタイン統計ともよばれています．

8.4　ディラックのデルタ関数

クロネッカーのデルタ記号に似たディラックのデルタ関数

　ディラックのデルタ関数は現在では単にデルタ関数とよばれることが多いと思います．この関数は非常に変わった関数なので超関数とよばれることもあります．ディラックが提案した当時は，この風変わりなデルタ関数は当時の数学者たちに嫌われて，正式な数学の関数としては認めてもらえませんでした．数学界で正式に認められたのはデルタ関数が広く使われるようになってからのことでした．

　この一風変わった奇妙な関数を説明するには，デルタ関数に似ていて，古くから使われているデルタ（δ）記号と比べて説明するのがわかりやすいと思います．似ているデルタ記号というのは正確には，クロネッカーのデルタ記号で，次の式で表されます．

$$\delta_{nm} = \begin{cases} 1 & (n = m) \\ 0 & (n \neq m) \end{cases} \tag{8.1}$$

記号 δ_{nm} がクロネッカーのデルタ記号ですが，この意味は式 (8.1) に示すように，n と m が等しいときに，その値が1になり，n と m が等しくないときには，その値が0になることを表す記号です．このデルタ記号 δ_{nm} も量子力学ではよく使われています．たとえば，次の式のように使われます．

$$\int_a^b u_n^*(x)u_m(x)\mathrm{d}x = \delta_{nm}$$

奇妙な性質のディラックのデルタ関数

ディラックのデルタ関数 $\delta(x-x_0)$ は，次の式で表されます．

$$\delta(x-x_0) = \begin{cases} \infty & (x = x_0) \\ 0 & (x \neq y_0) \end{cases} \tag{8.2}$$

そして，デルタ関数を $-\infty$ からある値 ξ まで積分した関数を $F(\xi)$ としますと，$F(\xi)$ は次の式で与えられます．

$$F(\xi) = \int_{-\infty}^{\xi} \delta(x-x_0)\mathrm{d}x = \begin{cases} 1 & (\xi \geq x_0) \\ 0 & (\xi < x_0) \end{cases} \tag{8.3}$$

この式の意味は，ξ の値が，x_0 より大きくて，$-\infty$ から ξ の間でデルタ関数が値をもつならば，デルタ関数の積分値は 1 になり，ξ の値が x_0 より小さく積分範囲の中に δ 関数が含まれていなければ，積分値は 0 になるという意味です．デルタ関数を，一応数式を使って示しておきますと，次の式になります．

$$\delta(x-x_0) = \frac{1}{2\pi}\int_{-\infty}^{\infty} e^{ik(x-x_0)}\mathrm{d}k \tag{8.4}$$

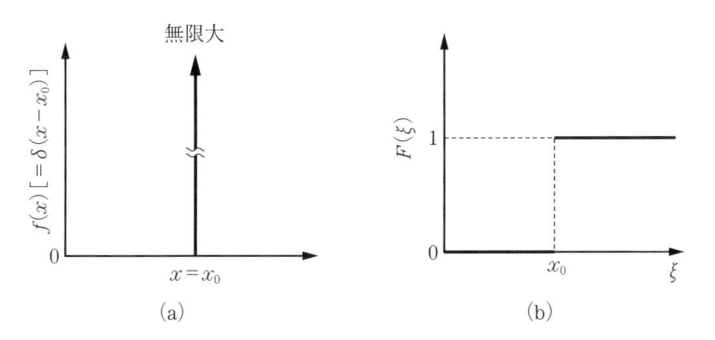

図 **8.2** ディラックのデルタ関数とその積分値

デルタ関数は，複雑な形の関数で，特定の位置での関数の値が容易に計算できないときに，この関数の値を求めるために便利に使われます．たとえば，ある関数を $f(x)$ としたとき，この関数の $x = x_0$ における値は，$f(x)$ にデルタ関数を掛けたものを，次のように，$-\infty$ から $+\infty$ まで積分すれば求めることができます．

$$\int_{-\infty}^{\infty} f(x)\delta(x-x_0)\mathrm{d}x = f(x_0) \tag{8.5}$$

8.5 ディラックの記号，およびアイデアマンの鬼才ディラック

ディラックは新しい記号づくりの名手

量子力学の重要な式の一つに期待値の式があります．ある物理量の演算子を F としますと，この物理量の期待値は次の式で与えられます．

$$期待値 = \int \psi^*(q)F\psi(q)\mathrm{d}q \tag{8.6}$$

ここで，$\psi(q)$ は求めようとする期待値の物理量に関連する波動関数で，$\psi^*(q)$ は，それに複素共役な波動関数です．

ディラックはこの式 (8.6) を，ブラケット記号を使って次のように表しました．

$$期待値 = <\psi|F|\psi> \tag{8.7}$$

すなわち，期待値をブラケット記号 < > を使って表したのです．この式は量子力学，ことに場の量子論などでは，便利に使われています．

ディラックのアイデアは止まることを知らないように，ディラックは $<\psi|F|\psi>$ を分割して，次の二つの式をつくりました．

$$<\psi| \tag{8.8a}$$

$$|\psi> \tag{8.8b}$$

そして，式 (8.8a) で表される記号 $<\psi|$ をブラベクトル（または，単にブラ）とよび，式 (8.8b) で表される記号 $|\psi>$ をケットベクトル（または，単にケット）と名づけました．

さらに，発展させて式 (8.7) の期待値に関連して次のような式もつくりました．

8.5 ディラックの記号，およびアイデアマンの鬼才ディラック

$$\int \psi_n^*(q) F \psi_m(q) \mathrm{d}q = <n|F|m> \quad 又は \quad <F> \tag{8.9}$$

$$\int f^*(q) g(q) \mathrm{d}q = <f|g> \tag{8.10}$$

また，ブラ記号とケット記号を単独に用いる場合には，これらを使って，波動関数 $\psi(q)$ とその複素共役 $\psi^*(q)$ を表すことにしました．式で書くと次のようになります．

$$<\psi| = \psi^*(q) \tag{8.11a}$$

$$|\psi> = \psi(q) \tag{8.11b}$$

これらの式はすべて量子力学（ことに場の量子論）で非常に便利に，頻繁に使われています．ですから，これらの記号が使われている本の場合には，これらの記号の意味を知っていないと，本を読んでも意味がわからなくなると思います．

ディラックは風変わりな関数をつくり，奇妙な記号をつくるとともに，奇抜な考えで新しい理論も発見したので，奇才（または鬼才）とよばれました．ディラックが彼の奇才を最大限に発揮させたのは，相対論的な電子の相対論的波動方程式（ディラックの方程式）を発見し，解の行列の中にスピンの存在を見出すとともに，プラスの電荷をもつ電子ともいわれる，陽電子の存在を発見したりしたときです．

内容を詳しく述べると難しくなりますので，要点だけ簡潔に説明しますと，以下のようになります．ディラックが最大の奇才を発揮する機会は，彼が相対論的な電子の波動方程式をつくるために悪戦苦闘していたときに起こりました．それは，演算の途中で出てきた二つの式に含まれる未知の係数 α_γ, α_μ, α_ν の値が決まらないと，電子の相対論的波動方程式の形が決まらない場面に遭遇したときでした．その二つの式とは，次の式でした．

$$\alpha_\gamma^2 = 1 \quad (\gamma = 0, 1, 2, 3 \text{のとき}) \tag{8.12a}$$

$$\alpha_\mu \alpha_\nu + \alpha_\nu \alpha_\mu = 0 \quad (\mu \neq \nu; \mu, \nu = 0, 1, 2, 3 \text{のとき}) \tag{8.12b}$$

この二つの式を満たす α_γ, α_μ, α_ν の解の値が決まらなければ，求める電子の相対論的波動方程式は完成しません．

しかし，ディラックがいくら考えても，これらの二つの式を満足する解の値

は見つかりません．実は，ディラックでなくても誰が考えても，式 (8.12a) と式 (8.12b) を同時に満たす α_γ, α_μ, α_ν の値は，普通の数値の中には存在しないのです．凡人ならここで電子の相対論的波動方程式をつくることを諦めたでしょう！ しかし，ディラックは決して諦めませんでした．

追い詰められたディラックは大きく発想の転換を試みました．普通の数値の解がだめなら，普通でない解を探せばよい，と鬼才の頭脳が閃いたのです．そして，ディラックは二つの式の解として行列を使ってみました．すると，なんと (8.12a) 式と (8.12b) 式の連立方程式は見事に解けたのです．こうしてディラックが発見したこの式の解の行列には，後にディラック行列という名前がつけられました．

行列というのは，高校数学 C にも出てくるようですから，ご存知の方も多いとは思いますが，改めて書いておきますと，複数の数字を正方形に並べて両辺にかっこをつけた次のようなものです．

$$\begin{bmatrix} 1 & 0 & 0 \\ 0 & 1 & 0 \\ 1 & 0 & 1 \end{bmatrix} \tag{8.13}$$

奇想天外なアイデアで難問を解決したディラックは，ついに電子の相対論的波動方程式の発見という偉業を成し遂げました．このディラックの発見した電子の相対論的波動方程式は，その後の相対論的電子論の基礎方程式になったのでした．さらに，この電子の相対論的波動方程式を導く過程で，スピンもまた行列で表すことができることを発見しました．

そして，スピンを行列で表したものはスピン行列とよばれるようになります．さらには，相対論的電子の波動方程式を発見する仕事の中で，プラスの電荷をもつ電子が現れてディラックは悩むのですが，これがまた，陽電子という新しい量子の発見という偉大な業績につながったのでした．

問　題

8.1 基礎的な問題（井戸型ポテンシャル，水素原子，調和振動子）へのシュレーディンガー方程式の適用ではスピンは話題に上らないが，なぜか？

8.2 デルタ関数 $\delta(x - x_0)$ がある．いま，$x_0 = 1$ として，次の問いに答えよ．x の値が $x = 0$, 1, 2 のとき，デルタ関数の値はどのようになるか？

8.3 フェルミオン（フェルミ粒子）はお互いに反発し合う性質をもっている．一方，ボソン（ボース粒子）はお互いに引きつけ合う性質をもっている．この二つの粒子の性質を使って，'もの'の大きさが存在する理由を考察せよ．

8.4 関数 $f(x)$ と $g(x)$ が等しく $f(x) = g(x) = x + ix^2$ として，$<f|g>$ の値を計算せよ．

章末問題解答

第1章

1.1 $c = \lambda \nu$ より $\nu = c/\lambda$ となるので，エネルギー ε は $\varepsilon = h\nu = hc/\lambda$ の関係から求めることができる．計算すると次のようになる．紫外線（$\lambda = 250\,\mathrm{nm}$）のときは $\varepsilon = (6.626 \times 10^{-34}\,[\mathrm{J \cdot s}]) \times (3 \times 10^8\,[\mathrm{m/s}])/(250 \times 10^{-9}\,[\mathrm{m}]) = 7.95 \times 10^{-19}\,\mathrm{J}$. 可視光線（$\lambda = 500\,\mathrm{nm}$）のときも同様に，$\varepsilon = 3.98 \times 10^{-19}\,\mathrm{J}$. 赤外線（$\lambda = 10\,\mu\mathrm{m}$）のときも $\varepsilon = 1.99 \times 10^{-20}\,\mathrm{J}$ となる．

1.2 題意により，式 (1.8) で表される級数の和の $\sum_{n=0}^{\infty} e^{-nE\beta}$ は，積分の形に変えて計算すると次のようになる（n を x におき換える）．

$$\int_{x=0}^{\infty} e^{-E\beta x}\,\mathrm{d}x = \left[\frac{e^{-E\beta x}}{-E\beta} \right]_0^{\infty} = 1/E\beta \tag{A.1}$$

したがって，積分した値を問題 1.2 の式 (1.8) に代入して，係数を除いたプランクの式を計算すると $Ee^{-E\beta x}/E\beta = e^{-E\beta}/\beta$ となるが，$E = h\nu$ と $\beta = 1/k_\mathrm{B}T$ を元に戻すと，$E\beta = h\nu/k_\mathrm{B}T$ となる．したがって，$h\nu \ll k_\mathrm{B}T$ とすると $e^{-E\beta}$ は 1 に近似できるので，結局，係数を除いたプランクの式は，$1/\beta = k_\mathrm{B}T$ となるので，係数 $(8\pi\nu^2/c^3)$ の部分を掛けると，レイリー–ジーンズの式 $(8\pi\nu^2/c^3)k_\mathrm{B}T$ と同じになる．

以上の結果から，プランクの式は，エネルギーにとびとびの値を使わないと出てこないことがわかる．すなわち，エネルギーのとびの間隔が狭いとして連続に近似して，級数の和を積分の形にして計算すると，レイリー–ジーンズの式に戻ってしまってプランクの式にはならない．

1.3 題意の光の振動数を ν とすると，$\nu = (3 \times 10^8\,[\mathrm{m/s}])/(200 \times 10^{-9}\,[\mathrm{m}]) = 1.5 \times 10^{15}\,\mathrm{s}^{-1}$ となる．したがって，光のエネルギー E は $h\nu$ なので，$h\nu = 6.626 \times 10^{-34}\,[\mathrm{J \cdot s}] \times 1.5 \times 10^{15}\,[\mathrm{s}^{-1}] = 9.94 \times 10^{-19}\,\mathrm{J}$. $1\,\mathrm{eV}$ は $1.6 \times 10^{-19}\,\mathrm{J}$ なので，$h\nu = (9.94 \times 10^{-19})/(1.6 \times 10^{-19})\,\mathrm{eV} = 6.21\,\mathrm{eV}$. 仕事関数は題意により $5.02\,\mathrm{eV}$ なので，光電子のエネルギー ε は，$\varepsilon = (6.21 - 5.02)\,\mathrm{eV} = 1.19\,\mathrm{eV}$ となる．

1.4 $e^{h\nu/k_\mathrm{B}T}$ をテイラー展開すると

$$e^{h\nu/k_\mathrm{B}T} = 1 + \frac{h\nu}{k_\mathrm{B}T} + \frac{1}{2!}\left(\frac{h\nu}{k_\mathrm{B}T}\right)^2 + \frac{1}{3!}\left(\frac{h\nu}{k_\mathrm{B}T}\right)^3 + \cdots \tag{A.2}$$

となるので，$h\nu \ll k_\mathrm{B}T$ のときは $e^{h\nu/k_\mathrm{B}T} \simeq 1 + h\nu/k_\mathrm{B}T$ と近似できるので，この式 (A.2) を，$1 + h\nu/k_\mathrm{B}T$ と近似して，本文の式 (1.2a) に代入すると，式 (1.1) のレイリー–ジーンズの式と一致する．

1.5 $\nu\lambda = c$ の関係より,振動数 ν は $\nu = c/\lambda = (3\times 10^8\,[\mathrm{m/s}])/(300\times 10^{-9}\,[\mathrm{m}]) = 1\times 10^{15}\,\mathrm{s}^{-1}$ となるので,波長が $3000\,\mathrm{Å}$ の光のエネルギー E は $E = h\nu = 6.626\times 10^{-34}\,[\mathrm{J\cdot s}]\times 1\times 10^{15}\,[\mathrm{s}^{-1}] = 6.63\times 10^{-19}\,\mathrm{J}$ となる.この光のエネルギーのとび ΔE の値は $\Delta E = h\nu$ なので,エネルギー E のとび ΔE は $6.63\times 10^{-19}\,\mathrm{J}$ となる.次に,$1\,\mathrm{g}$ のものを $1\,\mathrm{m}$ の高さにもち上げるエネルギー E は $E = mgh = 1\times 10^{-3}\,[\mathrm{kg}]\times 9.8\,[\mathrm{m/s}^2]\times 1\,[\mathrm{m}] = 9.8\times 10^{-3}\,\mathrm{J}$ となる.$1\,\mathrm{mg}$ でも,エネルギーは約 $1\times 10^{-5}\,\mathrm{J}$ であるから,エネルギーのとびの値 ΔE はこの値と比べてもきわめて小さく,原子の世界のエネルギーのとび ΔE の量は,私たちが普通 0 と考えてしまうような値である.光のエネルギーを理論的に考えるときには,ごく微小なエネルギーも 0 にできないので,このことはきわめて不思議な現象といえよう.

第 2 章

2.1 6 章の電子のエネルギー ε の式 (6.69) は,$\hbar \to h/2\pi$ とおき換えると,ε の絶対値は $\varepsilon = mq^4/8\varepsilon_0^2 h^2 n^2$ となる.一方,式 (2.2) の関係よりリュードベリ定数 R_{H} と波長 λ の関係は,$1/\lambda = R_{\mathrm{H}}/n^2$ となる.また,水素原子の中で運動している電子のエネルギー ε とリュードベリ定数 R_{H} の関係は,式 (2.7) より,$\varepsilon = hcR_{\mathrm{H}}$ となる.したがって,電子のエネルギー ε に $\hbar$ の代わりに h を使った.6 章の ε の値を使うと $R_{\mathrm{H}} = \{mq^4/(8\varepsilon_0^2 h^2)\}/hc = mq^4/8\varepsilon_0^2 h^3 c$ となり,本文に示した式と一致する.

2.2 $\nu\lambda = c$ の関係より,振動数 ν は $\nu = c/\lambda = (3\times 10^8\,[\mathrm{m/s}])/(397\times 10^{-9}\,[\mathrm{m}]) = 7.56\times 10^{14}\,\mathrm{s}^{-1}$ となる.$3970\,\mathrm{Å}$ の光のエネルギー E は $E = h\nu = 6.626\times 10^{-34}\,[\mathrm{J\cdot s}]\times 7.56\times 10^{14}\,[\mathrm{s}^{-1}] = 5.01\times 10^{-19}\,\mathrm{J}$ となる.次に,$n=2$,リュードベリ定数 R_{H} の値を $1.097\times 10^7\,[\mathrm{m}^{-1}]$,波長を $3.97\times 10^{-7}\,\mathrm{m}$ とすると,題意の式にこれらの値を代入して,$2.52\times 10^6\,[\mathrm{m}^{-1}] = 1.097\times 10^7\,[\mathrm{m}^{-1}](0.25 - 1/m^2) \longrightarrow 0.25 - 1/m^2 = 0.2297$ となる.したがって,$m^2 = 1/0.0203 \simeq 49$ となるので,m は 7 となる.だから,$m=7$ の電子軌道にある電子が $n=2$ の電子軌道に遷移して,光が発生している.

2.3 電子の軌道半径 r はボーアの量子条件の式 (2.8) より,$2\pi mvr = nh$ の関係を満たすので,電子の回転速度 v は $n=1$ とすると,$v = h/2\pi mr$ となる.題意の $r = 5\times 10^{-10}\,\mathrm{m}$ を代入すると,電子の速度 v は $v = 6.626\times 10^{-34}\,[\mathrm{J\cdot s}]/(2\times 3.14\times 9.11\times 10^{-31}\,[\mathrm{kg}]\times 5\times 10^{-10}\,[\mathrm{m}]) = 2.32\times 10^5\,\mathrm{m/s}$ となる.したがって,電子の運動エネルギー $E = (1/2)mv^2$ なので電子のエネルギー E は $E = 0.5\times 9.11\times 10^{-31}\,[\mathrm{kg}]\times (2.32\times 10^5\,[\mathrm{m/s}])^2 = 2.45\times 10^{-20}\,\mathrm{J}$ と得られる.

第 3 章

3.1 運動量 p を,与えられた粒子の質量 ($m = 3\times 10^{-28}\,\mathrm{kg}$) と速度 ($v = 1\times 10^5\,\mathrm{m/s}$) を使って計算すると $p = mv = 3\times 10^{-28}\,[\mathrm{kg}]\times 1\times 10^5\,[\mathrm{m/s}] = 3\times 10^{-23}\,\mathrm{kg\cdot m/s}$ となる.また,波長は $\lambda = h/p = 6.626\times 10^{-34}\,[\mathrm{J\cdot s}]/(3\times 10^{-23}\,[\mathrm{kgm/s}]) = 2.21\times 10^{-11}\,\mathrm{m}$.振動数 ν は,$\nu = c/\lambda = 3\times 10^8\,[\mathrm{m/s}]/(2.21\times 10^{-11}\,[\mathrm{m}]) = 1.36\times 10^{19}\,\mathrm{s}^{-1}$ となる.したがって,エネルギー E は,$E = h\nu = $

$6.626 \times 10^{-34}\,[\text{J}\cdot\text{s}] \times 1.36 \times 10^{19}\,[\text{s}^{-1}] = 9.01 \times 10^{-15}\,\text{J}$ と得られる.

3.2 $\lambda = h/p$, $\varepsilon = h\nu$, $\hbar = h/2\pi$ の関係を使うと, $2\pi/\lambda = 2\pi p/h = p/(h/2\pi) = p/\hbar$, $\nu = \varepsilon/h$ となるので, これらの関係を題意の波動関数に代入すると, 波動関数の実数部 $\Psi_r(x,t)$ は, $\Psi_r(x,t) = A\cos(px/\hbar - \varepsilon t/\hbar) = A\cos\{(px - \varepsilon t)/\hbar\}$ となる.

3.3 波動関数 $\Psi(x,t)$ は $\Psi(x,t) = Ae^{i(px-\varepsilon t)/\hbar}$ なので, 複素共役な波動関数は $\Psi^*(x,t) = Ae^{-i(px-\varepsilon t)/\hbar}$ となる. したがって, $\Psi(x,t) \times \Psi^*(x,t) = A^2 e^0 = A^2$ となることがわかる.

3.4 波数 k は, $k = 1/\lambda = \nu/c = 1 \times 10^{10}\,[\text{s}^{-1}]/(3 \times 10^8\,[\text{m/s}]) = 33.3\,\text{m}^{-1}$. 波数のあいまいさ Δk と波束のあいまいさ Δx の間には, $\Delta k \Delta x \sim 1$ の関係があるので, $\Delta x \sim 1/\Delta k = 1/(0.01\,[\text{m}^{-1}]) = 100\,\text{m}$ となり, 波束のあいまいさ Δx は $100\,\text{m}$ 程度にもなる.

3.5 ハイゼンベルクの不確定性原理によると, ある電子が存在する位置についてのあいまいさ Δx と運動量 p のあいまいさ Δp の積の値が, プランクの定数の値ほどになる. すなわち, $\Delta x \Delta p \sim \hbar$ の関係がある.

したがって, 原子の位置を正確に決めようとして, 位置のあいまいさ Δx を 0 にしようとすると, 原子の運動量 p のあいまいさ Δp の値は大きな値になる. すると, 原子の運動速度 v のあいまいさも大きくなる. したがって, 不確定性原理によると, 原子の位置は定まらないことになり, 原子はその存在位置 x を常に移動させざるを得ない. つまり, 原子は常に動かざるを得ないのである.

したがって, 不思議なことに, 不確定性原理に基づく原子の運動にはエネルギーは関係ないのである. だから, エネルギーの存在しない絶対零度においても原子は常に運動しているのである.

第 4 章

4.1 波動関数 $\Psi(x,t)$ は $\Psi(x,t) = Ae^{i(px-\varepsilon t)/\hbar}$ なので, 波動関数を x で 1 回偏微分すると, $\partial \Psi(x,t)/\partial x = (ip/\hbar)Ae^{i(px-\varepsilon t)/\hbar} = (ip/\hbar)\Psi(x,t)$ となる. したがって, この式の最初の式の $\partial \Psi(x,t)/\partial x$ と最後の式の $(ip/\hbar)\Psi(x,t)$ から, 共通にある $\Psi(x,t)$ を省略すると, $\partial/\partial x = ip/\hbar$ の関係が成り立つ. したがって, $p = -i\hbar \partial/\partial x$ となる. ここでは $i^2 = -1$ を使った.

また, 波動関数を t で 1 回偏微分すると, $\partial \Psi(x,t)/\partial t = (-i\varepsilon/\hbar)Ae^{i(px-\varepsilon t)/\hbar} = (-i\varepsilon/\hbar)\Psi(x,t)$ となる. 同様に, 最初の式の $\partial \Psi(x,t)/\partial t$ と最後の式の $(-i\varepsilon/\hbar)\Psi(x,t)$ から, 共通にある $\Psi(x,t)$ を省略すると, $\partial/\partial t = -i\varepsilon/\hbar$ の関係から, $\varepsilon = i\hbar \partial/\partial t$ となる.

4.2 (i) 演算子 d/dx を $x^2 + x$ に作用させると, x で微分すればよいから $2x + 1$ となる. また, 定数の演算子 C を作用させると, C を掛けるだけだから $C(x^2 + x)$ となる. (ii) 演算子 d/dx を $\sin x + 1$ に作用させると, $\cos x$ となる. また, 定数の演算子 C を作用させると $C\sin x + C$ となる. (iii) 演算子 d/dx を e^x に作用させると, x で微分しても変わらないから e^x となる. また, 定数の演算子 C を作用させると Ce^x となる.

4.3 (i) 演算子 A は $A = d^2/dx^2$ なので, Ae^{x^2} は e^{x^2} を x で 2 回微分することである. 1 回微分すると $(d/dx)e^{x^2} = 2xe^{x^2}$ となるので, もう一度 x で微分すると $(d/dx)(2xe^{x^2}) = 2e^{x^2} + 4x^2 e^{x^2}$ となる. したがって, $Ae^{x^2} = 2e^{x^2} + 4x^2 e^{x^2}$

となるので，$xAe^{x^2} = (2x + 4x^3)e^{x^2}$ となる．(ii) 同様に，$Ae^x = (\mathrm{d}^2/\mathrm{d}x^2)e^x$ なので，$(\mathrm{d}^2/\mathrm{d}x^2)e^x = e^x$ となり，$CAe^x = Ce^x$ となる（e^x は x で何度微分しても e^x のままである）．

4.4 (i) 演算子 A は $\mathrm{d}/\mathrm{d}x$ なので，CAe^{-x} は $-Ce^{-x}$ となり，$\int_0^1 CAe^{-x}\mathrm{d}x = -C\int_0^1(e^{-x})\mathrm{d}x = -C[-e^{-x}]_0^1 = C(e^{-1} - 1) = C(1/e - 1) = C(1-e)/e$ となる．(ii) $AC = (\mathrm{d}/\mathrm{d}x)C = 0$ だから，$\int_0^1 e^{-x}AC\mathrm{d}x = 0$ となる．(iii) $Ae^{2x} = (\mathrm{d}/\mathrm{d}x)e^{2x} = 2e^{2x}$ だから，$\int_0^1 e^{-x}Ae^{2x}\mathrm{d}x = 2\int_0^1 e^{-x}e^{2x}\mathrm{d}x = 2\int_0^1 e^x\mathrm{d}x = 2[e^x]_0^1 = 2(e-1)$ となる．

4.5 演算子 A が $\mathrm{d}/\mathrm{d}x$ で，演算子 B が定数の C なので，$AB = (\mathrm{d}/\mathrm{d}x)C = 0$ となる．一方，BA は $BA = C\mathrm{d}/\mathrm{d}x$ となるので，$AB \neq BA$ となる．

第 5 章

5.1 波動関数 $\Psi(x,t)$ は $\Psi(x,t) = Ae^{i(px-\varepsilon t)/\hbar}$ なので，波動関数を x で 1 回偏微分すると，$\partial\Psi(x,t)/\partial x = (ip/\hbar)Ae^{i(px-\varepsilon t)/\hbar} = (ip/\hbar)\Psi(x,t)$ となる．x で 2 回偏微分すると，$\partial^2\Psi(x,t)/\partial x^2 = -(p^2/\hbar^2)\Psi(x,t)$ となる．両辺の $\Psi(x,t)$ を省略すると，次の等式 $\partial^2/\partial x^2 = -(p^2/\hbar^2)$ が得られ，この式より $p^2 = -\hbar^2\partial^2/\partial x^2$ の関係が得られる．

5.2 運動量の二乗 p^2 の演算子は $-\hbar^2\partial^2/\partial x^2$ となる．また，エネルギー ε の演算子は本文の式 (4.5) に従って $\varepsilon = i\hbar\partial/\partial t$ となる．したがって，題意の $p^2/2m = \varepsilon$ の関係を使って，p^2 と ε の代わりにそれぞれの演算子を使うと，次の等式 $-(\hbar^2/2m)\partial^2/\partial x^2 = i\hbar\partial/\partial t$ が成り立ち，この式の両辺に右から波動関数 $\Psi(x,t)$ を掛けて演算子の定義に従って変形すると，本文のシュレーディンガー方程式 $\{-(\hbar^2/2m)\partial/\partial x^2\}\Psi(x,t) = i\hbar\partial\Psi(x,t)/\partial t$ が得られる．自由空間の電子のように位置のエネルギーを考えない場合はこの式でよいが，位置のエネルギーも含めて考える場合には，演算子にハミルトニアン H（演算子）を使って，本文に示したように，次の見慣れたシュレーディンガー方程式が得られる．

$$H\Psi(x,t) = i\hbar\frac{\mathrm{d}\Psi(x,t)}{\mathrm{d}t} \tag{5.6a}$$

$$\left(-\frac{\hbar^2}{2m}\frac{\mathrm{d}^2}{\mathrm{d}x^2} + V(x)\right)\Psi(x,t) = i\hbar\frac{\mathrm{d}\Psi(x,t)}{\mathrm{d}t} \tag{5.6b}$$

5.3 $f(x,t) = A\cos\{2\pi(\nu t - x/\lambda)\}$ を用い，$\lambda\nu = v$ として，この関数 $f(x,t)$ を x で偏微分すると，$\partial f(x,t)/\partial x = (2A\pi/\lambda)\sin\{2\pi(\nu t - x/\lambda)\}$ となる．もう一度 x で偏微分すると $\partial^2 f(x,t)/\partial x^2 = -(2\pi/\lambda)^2 f(x,t)$ となる．また，関数 $f(x,t)$ を時間 t で偏微分すると，$\partial f(x,t)/\partial t = -(2\pi\nu)A\sin\{2\pi(\nu t - x/\lambda)\}$．2 回 t で偏微分すると，$\partial^2 f(x,t)/\partial t^2 = -(2\pi\nu)^2 f(x,t)$ となる．この式に $\nu = v/\lambda$ の関係を代入すると，$\partial^2 f(x,t)/\partial t^2 = -v^2(2\pi/\lambda)^2 f(x,t)$ の関係が得られるが，$-v^2(2\pi/\lambda)^2 f(x,t)$ と x の 2 回偏微分の $\partial^2 f(x,t)/\partial x^2$ の結果を使うと，$\partial^2 f(x,t)/\partial t^2 = v^2\partial^2 f(x,t)/\partial x^2$ となり，古典論の波動方程式が得られる．

5.4 波動関数 $\Psi(x,t) = Ae^{i(px-\varepsilon t)/\hbar}$ を x で 2 回偏微分すると，$\partial^2\Psi(x,t)/\partial x^2 = -(p^2/\hbar^2)\Psi(x,t)$ となり，時間 t で 2 回偏微分すると $\partial^2\Psi(x,t)/\partial t^2 = -(\varepsilon^2/\hbar^2)\Psi(x,t)$ となる．これら二つの式の右辺の係数を見ると，一方は p^2 が，他方は ε^2

が含まれている．しかし，p と ε の関係は $p^2/2m = \varepsilon$ となるので，これらの式の左辺の項 $\partial^2 \Psi(x,t)/\partial x^2$ と $\partial^2 \Psi(x,t)/\partial t^2$ は，いずれかの項に定数を掛けても両者は等しい関係にはならない．したがって，量子力学の世界では古典論と同じ形の波動方程式は成立しないことがわかる．

第6章

6.1 物質のエネルギー構造は一種の井戸型ポテンシャルになっているので，物質の中に存在する電子は，通常は，その電子が井戸型ポテンシャルの障壁のエネルギー（仕事関数という）の値より大きい値のエネルギーをもたない限り，物質の外に飛び出すことはできない．だから，電子が物質の中から外部に出るためには，電子に仕事関数より大きなエネルギーが与えられなければならない．たとえば，エネルギーの高い光で金属物質の表面を照射すると，本文で説明したように，光電効果が起こり，内部の電子が外へ飛び出してくる．

6.2 物質のエネルギー障壁の値が大きくて，障壁の厚さが大きいときには電子はエネルギー障壁を越えては外部へ飛び出すことはできない．しかし，エネルギー障壁の値が無限大でなくて（エネルギーが無限大だということはその障壁が無限に強いことである），障壁の厚さがきわめて薄いときには，電子はこのエネルギー障壁を量子力学的にトンネルして外部へ出ることができる．

実は，仕事関数が無限大でなければ，（本文で説明したように）障壁の中に存在する電子の波動関数は，障壁の中においても，その値はきわめて小さいが0でない存在確率がある．そして，障壁の厚さがきわめて薄い（一般には 10 nm 以下の）ときには，電子の波動関数はエネルギー障壁を通り越しても有限の値をとるようになる．このために，電子はエネルギー障壁の外でも存在確率があることになる．つまり，電子は物質の外に出ることができるのである．

6.3 変数分離の操作によってつくられた微分方程式 (6.50a)（すなわち，波動方程式になる式）の値が単なる定数ではなく，0 または正の整数でなければならないことを表している．このことは一見奇妙であるが，量子力学の世界ではエネルギーの値がとびとびであるだけでなく，物理現象自体にとびとびの概念が入っていることを表しているためだと思われる．

また，数式的には，導入された定数 λ に関して，0 または正の整数しかとりえない，方位量子数という量子数によって，λ がとることのできる数字に $\lambda = l(l+1)$ という制限が加わるということである．

6.4 調和振動子を，シュレーディンガー方程式を使って解く途中で，波動関数が無限大に発散しないようにするために，波動関数を多項式 $H(\xi) = \sum_{l=0}^{\infty} c_l \xi^l$ で表すことにしたが，その多項式の ξ による1回微分 $H'(\xi)$ と2回微分 $H''(\xi)$ は，本文に示すように，次のようになる．

$$H'(\xi) = c_1 + 2c_2\xi + \cdots + nc_n\xi^{n-1} + \cdots = \sum_{l=0}^{\infty} lc_l\xi^{l-1} \tag{6.92}$$

$$H''(\xi) = 2c_2 + 3\cdot 2c_3\xi + \cdots + n(n-1)c_n\xi^{n-2} + \cdots$$
$$= \sum_{l=0}^{\infty}(l+2)(l+1)c_{l+2}\xi^l \tag{6.93}$$

これらの $H'(\xi)$ と $H''(\xi)$ を題意の微分方程式 $H''(\xi) - 2H'(\xi)\xi + (\lambda - 1)H(\xi) = 0$ に代入して式を整理すると，本文の次の式が得られる．

$$\sum_{l=0}^{\infty} \{(l+2)(l+1)c_{l+2} - 2lc_l + (\lambda - 1)c_l\}\xi^l = 0 \tag{6.94}$$

式 (6.94) が常に成り立つためには，ξ^l の係数である，{ } の中が 0 にならなければならないので，次の等式が成り立つ必要がある．

$$(l+2)(l+1)c_{l+2} = (2l+1-\lambda)c_l \tag{6.95}$$

したがって，係数 c_{l+2} と c_l の間には，$c_{l+2} = \{(2l+1-\lambda)/(l+2)(l+1)\}c_l$ の関係が成り立たなければならない．しかしこの関係が成立しても，多項式 $H(\xi)$ が無限に続けば，この多項式は無限大に発散する可能性が残るので，この可能性もなくすためには，多項式を適当な項で打ち切る必要がある．それには係数 c_{l+2} が 0 になればよいが，その条件は，方位量子数 l と定数 λ の間の関係で表され，$2l+1-\lambda = 0$，つまり，$\lambda = 2l+1$ となる．

6.5 調和振動子のエネルギーのハミルトニアン H（x 成分）は，$H_x = (1/2m)p_x^2 + (1/2)mx^2\omega^2$ である．いま，最低のエネルギーをこのハミルトニアンを使って，ΔH_x とし，これを式 $\Delta H_x = (1/2m)\Delta p_x^2 + (1/2)m\Delta x^2\omega^2$ で表すことにする．
　この式 ΔH_x を変形すると $\Delta H_x = (1/2m)\{\Delta p_x^2 + m^2\Delta x^2\omega^2\} = (1/2m)\{(\Delta p_x - m\Delta x\omega)^2 + 2m\Delta p_x\Delta x\omega\} = (1/2m)(\Delta p_x - m\Delta x\omega)^2 + \Delta p_x\Delta x\omega$ となる．この式 ΔH_x の値は，$(\Delta p_x - m\Delta x\omega)$ が常に 0 より大きいので，最低でも $\Delta p_x\Delta x\omega$ の値よりは大きいことになる．この $\Delta p_x\Delta x\omega$ の値は，不確定性原理（題意の $\Delta p_x\Delta x \gtrsim \hbar/2$）により $\hbar\omega/2$ か，これ以上の値となる．

第 7 章

7.1 1 個の電子の波動関数を $\Psi(x,t)$ とし，題意にあるように電子の固有関数が $\phi_1, \phi_2, \phi_3, \cdots, \phi_n, \cdots$ であるとすると，1 個の電子の波動関数 $\Psi(x,t)$ は固有関数の重ね合わせで表されるので，$c_1, c_2, c_3, \cdots, c_n, \cdots$ を係数として，次の式で表される．

$$\Psi(x,t) = c_1\phi_1 + c_2\phi_2 + c_3\phi_3 + \cdots + c_n\phi_n + \cdots$$

7.2 エネルギー準位の重なった状態を表す現象は縮退といわれるが，物質の構造の対称性を崩して，縮退を解くには電界を加えてもよい（シュタルク効果といわれる）し，磁界を加えてもよい（これはゼーマン効果といわれる）．

7.3 関数 $f(x)$ が x のある点で滑らかな連続関数であるためには，関数の 1 回微分が可能で，ある点で関数およびその 1 回微分が有限の値をとることである．$f(x) = 1/x$ のときには，関数は原点に対して対称で，$-1 < x < 1$ の範囲内の $x = 0$ のときには値が $\pm\infty$ に発散するので，$x = 0$ のときには，関数 $f(x)$ も関数の 1 回微分 $f'(x) = -1/x^2$ もその値をもたない．だから，この関数 $f(x) = 1/x$ は $x = 0$ においては連続ではない．

7.4 いま，波動関数で表されるある電子が，空間に存在するときは波の形をしているとし，この電子がある位置に留まって静止して粒子の姿をとったとしよう．空間

に広がった波の状態にある電子が，あるとき，ある位置に静止して粒子の形をとるとするとき，この電子が静止して止まる可能性のある位置は無限に存在している．実際に電子が止まるのは，その中のいずれか1箇所だけである．だから，電子が静止して止まる位置は存在確率で決まらざるを得ない．この電子のある位置における存在確率は，電子の波動関数の二乗に比例する量で表される．

第8章

8.1 電子のスピンは，複数個の電子を考えなくてはならないとき以外の問題を解くうえでは必要性がない．量子力学の基礎的な問題では，わかりやすく単純な問題に限っているために，計算に使用する波動方程式はすべてが単一電子の波動関数を用いたシュレーディンガー方程式である．このため，電子の種類を区別する必要はない．だからスピンは入ってこない．物質の性質などについて量子力学を使って解くときには，多くの電子がかかわる波動関数を使わなくてはならないので，スピンは必ず入ってくる．

8.2 デルタ関数が $\delta(x-x_0)$ の形で，$x_0=1$ であれば，デルタ関数は $\delta(x-1)$ となるので，このデルタ関数の値は，デルタ関数の性質から $x=1$ のときに，その値が無限大になり，x が1以外のときには，その値は0になるので，題意の場合の，$x=0$ のときには0になる．また，$x=1$ のときには無限大になる．そして，$x=2$ のときにも0になる．

8.3 原子は複数のフェルミオン（フェルミ粒子）で構成されている複合粒子である．だから，原子はフェルミ粒子の性質をもっている．したがって，原子同士はお互いに反発し合う性質があるので，多くの原子が結合しても大きさが増えないで，一つの原子程度の体積の塊のままに留まるようなことは起こらない．だから，多くの原子が集まると，集合した原子の塊は体積が大きくなる．つまり，原子の集まった'ものは大きさがある'ということになる．

ところが，もしも，原子がボソン（ボース粒子）の複合粒子で構成されているとすると，ボソンにはお互いが反発せず，引き合う性質があるので，もしも，原子が多くのボソンでつくられたとすると，そのような原子は多く集まっても，質量が大きくなるだけで，大きさ（体積）は増加しないこともある．だから，ものには大きさができないことになってしまう．

8.4 $\langle f|g\rangle$ は，本文の式 (8.10) により，$\int f(q)^* g(q) \mathrm{d}q$ と書けるので，題意の $f(x)$ と $g(x)$ の式をこの式に代入して演算すると，次のようになる．

$$\int (x-ix^2)(x+ix^2)\mathrm{d}x = \int (x^2+x^4)\mathrm{d}x = \frac{1}{3}x^3 + \frac{1}{5}x^5 + C$$

なお，$f^*(x)$ は $f(x)$ に複素共役な関数なので，$f^*(x) = x - ix^2$ である．

索　引

あ　行

アインシュタイン　　　　　　　　9
α 線　　　　　　　　　　　　81
α 崩壊　　　　　　　　　　　81
位置のエネルギー　　　　　　　14
井戸型ポテンシャル　　　　　　67
運動量の演算子　　　　　　　　37
運動量の演算子化　　　　　　　39
$\hbar$　　　　　　　　　　　　　　48
s 軌道　　　　　　　　　　　　94
エネルギー準位　　　　　　　　80
エネルギー障壁　　　66, 82～84
エネルギーの演算子　　　　　　39
エネルギーの演算子化　　　　　39
エネルギーのとび　　　　　　　64
エルミート多項式　　　　　　113
演算子　　　　　　　　　　　　35
演算子の交換関係　　　　　　　42
オイラーの公式　　　　　　　　76

か　行

角運動量　　　　　　　　　　133
確率振幅　　　　　　28, 59, 121
「神はサイコロを振らない！」　59
完全系　　　　　　　　　121, 122
規格化・直交性　　　　　　　122
奇関数　　　　　　　　　　　　76
期待値　　　　　　　　　　　126
境界条件　　　　　　　　74, 131
行列　　　　　　　　　　　　　44
行列力学　　　　　　　　　　　45
偶関数　　　　　　　　　　　　76
クーロンの法則　　　　　　　　14
クロネッカーのデルタ　　124, 140
ケットベクトル　　　　　　　142

原子核　　　　　　　　　　　　13
高エネルギーの物理　　　　　　2
格子振動　　　　　　　　　　106
光電効果　　　　　　　　　　　9
古典モデルの問題点　　　　　　88
古典論の期待値　　　　　　　127
固有関数　　　　　　　　119, 120
固有関数の重ね合わせ　　　　121
固有値　　　　　　　　　　　120
固有値の縮退　　　　　　　　124
固有値方程式　　57, 97, 119, 120

さ　行

時間に依存しないシュレーディンガー
　方程式　　　　　　　　　　　56
時間を含むシュレーディンガー方程式
　　　　　　　　　　　　　　　56
磁気量子数　　　　　　　99, 133
仕事関数　　　　　　　　　　　10
主量子数　　　　　　　　103, 133
シュレーディンガー　　　　　　23
シュレーディンガー方程式　13, 47
振動数　　　　　　　　　　　　4
水素原子　　　　　　　　　15, 87
水素原子スペクトル　　　　16, 52
水素原子模型　　　　　　　　　17
スピン　　　　　　　　　　　135
スピン角運動量　　　　　　　138
スピン行列　　　　　　　　　144
スピン磁気量子数　　　　　　133
ゼロ点振動　　　　　　　　　　31
前期量子論　　　　　　　　13, 24
相対論的波動方程式　　　　　143
素励起　　　　　　　　　　　117
存在確率　　　　　　　　　　120

156　索引

た 行

対応原理	20
多項式展開	110
単振動	105
中性子	49
調和振動	105
調和振動子のハミルトニアン	108
d 軌道	94
定常状態	119
テイラー展開	5
ディラック	142
ディラックの記号	142
ディラックのデルタ関数	140
電子	13, 49
——の位置エネルギー	92
——のエネルギー	17
——の空間密度分布	104
——の自転モデル	137
——のスピン	137
——の遷移	18
——の存在確率	125
——のトンネル現象	65〜67
——の密度分布	93
動径方向の固有関数	100
とびとびのエネルギー	6, 9, 13, 61, 80
とびとびの振動数	8
とびとびの物理量	132
ド・ブロイ	24
ド・ブロイ波	49
トンネル確率	66, 82〜84
トンネル現象	61
トンネル顕微鏡	87
トンネルダイオード	87

な 行

内積	123

は 行

ハイゼンベルクの不確定性原理	28, 115
パウリの排他律	11, 32, 137
波束	29
波長	4

波動関数	25, 27
——の一次微分の連続条件	74
——の形	77〜79
——の確率解釈	59
——の連続条件	74
波動方程式	25, 48, 49, 52〜55
ハミルトニアン（エネルギー）	40
ハミルトニアン（演算子）	40, 41, 47
バルマー系列	16
p 軌道	94
光のエネルギー	6
光の放出	89
光量子説	9
フェルミオン（フェルミ粒子）	138
フォトン	116
フォノン	106, 116
不確定性原理	11, 29
複素共役	123
物質波	24, 26, 49
物理量の演算子化	37
ブラベクトル	142
プランクの定数	6
変数分離	70, 71, 96
偏微分	37
方位量子数	100, 133
ボーア	13
ボーア–ゾンマーフェルトの量子条件	19, 20
ボーアの水素原子模型	17
ボーア半径	105
ボソン（ボース粒子）	138
ポテンシャル障壁	77〜79
ボルン	32
ボルンの確率解釈	32

ま 行

マックス・プランク	3

や 行

陽子	13, 49
陽電子	144

ら 行

ライマン系列 16
ラザフォード 13
ラザフォードの原子モデル 13
リュードベリ定数 15
量子 11
量子化 132
量子仮説 13
量子数 132
量子力学の期待値 127
量子力学の基本概念 11
ルジャンドルの微分方程式 100
レイリー–ジーンズの式 3
レーザー光 140

著者紹介

昭和 37 年　大阪大学工学部精密工学科卒業
　同　　年　株式会社日立製作所入社
昭和 47 年　東京大学工学博士
昭和 62 年　姫路工業大学工学部電子工学科　教授
平成 16 年～平成 22 年
　　　　　　福井工業大学工学部電気電子情報工学科　教授
平成 16 年　姫路工業大学名誉教授

直観でわかるシュレーディンガー方程式

　　　　　　　　　　平成 24 年 7 月 30 日　発　　　行
　　　　　　　　　　平成 24 年 10 月 25 日　第 2 刷発行

著作者　　岸　野　正　剛

発行者　　池　田　和　博

発行所　　丸善出版株式会社

　　　　　〒101-0051　東京都千代田区神田神保町二丁目17番
　　　　　編集：電話 (03) 3512-3265／FAX (03) 3512-3272
　　　　　営業：電話 (03) 3512-3256／FAX (03) 3512-3270
　　　　　http://pub.maruzen.co.jp/

© Seigo Kishino, 2012

組版印刷・製本／三美印刷株式会社

ISBN 978-4-621-08567-7 C 0042　　　Printed in Japan

JCOPY　〈(社)出版者著作権管理機構　委託出版物〉
本書の無断複写は著作権法上での例外を除き禁じられています。複写
される場合は，そのつど事前に，(社)出版者著作権管理機構(電話
03-3513-6969，FAX 03-3513-6979，e-mail：info@jcopy.or.jp)の許諾
を得てください。